努力，让你看见更好的自己

任鑫苗 编著

中国纺织出版社有限公司

内 容 提 要

对于生活，每个人都有自己的憧憬和渴望，只是有的人选择奋起拼搏，而有的人只是想想。生活虽苦，只要努力，那就可以酿出蜜来；人生虽坎坷，只要努力，就能扬帆起航。没有一种汗水会白流，没有一种努力会荒废。

本书用大量生动鲜活的故事阐述人生哲理，告诉人们该如何努力才能创造出属于自己的人生，看见更好的自己。其中涵盖人们在习惯行为、时间管理、为人处世、人际交往中所存在的问题，语言睿智，观点鲜明，为人们的努力之路指点迷津。

图书在版编目（CIP）数据

努力，让你看见更好的自己 / 任鑫苗编著. --北京：中国纺织出版社有限公司，2023.4
 ISBN 978-7-5180-9413-4

Ⅰ. ①努… Ⅱ. ①任… Ⅲ. ①成功心理—通俗读物 Ⅳ. ①B848.4-49

中国版本图书馆CIP数据核字（2022）第043447号

责任编辑：闫 星　　责任校对：高 涵　　责任印制：储志伟

中国纺织出版社有限公司出版发行
地址：北京市朝阳区百子湾东里A407号楼　邮政编码：100124
销售电话：010—67004422　　传真：010—87155801
http://www.c-textilep.com
中国纺织出版社天猫旗舰店
官方微博 http://weibo.com/2119887771
三河市宏盛印务有限公司印刷　各地新华书店经销
2023年4月第1版第1次印刷
开本：880×1230　1/32　印张：7
字数：105千字　定价：49.80元

凡购本书，如有缺页、倒页、脱页，由本社图书营销中心调换

前言

拿破仑曾说："我们应当努力奋斗，有所作为。这样，就可以说我们没有虚度年华，并有可能在时间的沙滩上留下我们的足迹。"人生不一定要活得漂亮，但一定要活得足够精彩；人生不一定要顺风顺水，但一定要努力拼搏。也许不是你今天所有的努力都会有一个圆满的结果，但每一个努力的过程都会让你的人生与众不同，毕竟人生的精彩从不以结局论好坏。

人生需要找准努力的方向，方向比努力本身更重要。一个人最怕浑浑噩噩，没有目标，就好像走在沙漠中没有罗盘指引。若是缺少了方向，一定会误入歧途。没有努力方向，就好像无头苍蝇，总是听天由命，最后难免失意。人生的前行就是由方向驱动的，找准努力方向的人，他们往往有着长远的目标和清晰的人生规划，度过了人生迷茫期，坚定地朝着自己的目标走下去。在人生选择的路口，首先清楚自己想做什么和能做什么，挖掘自己的特长和能力，以及社会需求是什么，再选择合适自己的方向，坚定地走下去，就会创造出属于自己的一片天地。

人生的不顺遂需要努力，世界上没有绝望的生活，只有面对生活绝望的人。生活本身并没有对错，而在于我们对生活抱有什么样的态度。若乐观积极地面对，那么生活就会充满希望；若悲观地面对，那么生活就会黯然失色。努力的意义在于，不管我们遇到多少挫折和坎坷，都不能失去坚持的信念，都要乐观地面对，努力生活下去。因为只有在今天努力，才能扭转败局，才能在明天打开另一扇命运之门。

一分耕耘，一分收获。有时候，我们的努力不是为了改变世界，而是为了让自己变得更好。人生如白驹过隙，我们不能在应该努力奋斗的年纪选择安逸。尽管，不是每一分努力都能带来满满的收获，但是你努力了就有可能会有收获。如果你不努力，那你将一无所获。不是每个人都能成为自己想要的样子，但是每个人都能够努力成为自己期待的样子。

编著者
2022年8月

目录

第一章　现在努力，未来才会与众不同　‖001

你未来的样子藏在你现在的努力里　‖002

生命的生动在于永远不放弃　‖005

成功者都有一颗不甘平凡的心　‖008

美好的希望来自最无望的逆境中　‖011

今天的努力，是为了更好的明天　‖015

遵从内心，为梦想而奋斗　‖017

第二章　良好的习惯，造就成功的人生　‖021

培养良好习惯，摆脱平庸　‖022

天分遇到勤奋，人生一定会长出翅膀　‖024

修正不良习惯，成就最优秀的自己　‖027

拖延的习惯就是隐形的时间杀手　‖029

未雨绸缪，任何时候不忘提前做好规划　‖032

做到张弛有度，懂得劳逸结合　‖034

第三章　珍惜时间，掌控属于你的人生 ‖ 039

善用零碎时间，提高做事效率 ‖ 040
别在无意义的细节上浪费时间 ‖ 043
无法延长时间，但可以追求效率 ‖ 046
时间管理，就是利用好每一分钟 ‖ 049
做好取舍，把时间用在刀刃上 ‖ 051
学会拒绝，把时间用在该做的事情上 ‖ 056

第四章　脚踏实地，稳步到达理想的彼岸 ‖ 061

做好平凡小事，成就不平凡人生 ‖ 062
成功者善于创造机会 ‖ 065
摒弃借口，培养进取精神 ‖ 069
别放慢自己前进的步伐 ‖ 072
脚踏实地，活出精彩人生 ‖ 074
坚持到最后，才能成为成功者 ‖ 078
正确的方法比执着的态度更重要 ‖ 079

第五章　努力耕耘，才能收获灿烂的人生 ‖ 085

凡事没有最好，只有更好 ‖ 086
人生没有退步，只有进步 ‖ 089

何时开始努力都不算晚 ‖ 091

认真耕耘，必有收获 ‖ 094

抛弃空想，专注于眼前的事 ‖ 096

命运会眷顾那些加倍努力的人 ‖ 101

第六章　把握机遇，从容不迫应对生活挑战 ‖ 105

抓住分秒时间，把握自己命运 ‖ 106

善于等待，一切都会及时到来 ‖ 109

抢抓机遇乘势而上，铸就辉煌人生 ‖ 113

抓住机会，见机而动 ‖ 116

敢于抓住机会，人生开启新篇章 ‖ 118

成功的机遇源于主动寻找和创造 ‖ 121

第七章　行动先行，知行合一方能行稳致远 ‖ 125

不要瞻前顾后，成功需要争取 ‖ 126

积极行动，缩短与目标的距离 ‖ 128

培养积极有效的执行力 ‖ 131

改变阻碍你行动的拖延习惯 ‖ 134

不用等待装备齐全再出发 ‖ 138

没有超人胆识，不会有超凡的成功 ‖ 141

第八章　坚持到底，努力拼搏到感动自己 ‖ 147

　　　　做好准备，成功就在拐角处 ‖ 148
　　　　持之以恒，方能善始善终 ‖ 150
　　　　半途而废，注定一事无成 ‖ 151
　　　　只要坚持，梦想总是可以实现的 ‖ 154
　　　　继续坚持，成功会不期而至 ‖ 157
　　　　成功的秘籍是坚持到最后一秒 ‖ 160

第九章　重塑自我，不断挖掘自我价值 ‖ 165

　　　　展示自我价值，确立你的位置 ‖ 166
　　　　默默准备，等待机会亮出底牌 ‖ 169
　　　　你是谁不重要，重要的是你拥有什么 ‖ 171
　　　　最大限度发挥自己的长处 ‖ 176
　　　　千金在手，不如薄技在身 ‖ 180
　　　　做人，应保持自己的本色 ‖ 183
　　　　探索自我，发掘潜力 ‖ 187

第十章　借力打力，凭借东风好扬帆 ‖ 191

　　　　与优秀者为伍，你才会出类拔萃 ‖ 192
　　　　采纳他人意见，完善自己决策 ‖ 196

好的伙伴是事业成功的基石　‖200

集众人之智，成众人之事　‖203

学会合作，才能有所成就　‖207

没有永远的敌人，只有永远的利益　‖209

参考文献　‖213

第一章

现在努力,未来才会与众不同

你未来的样子藏在你现在的努力里

人们常说:"思想有多远,就能走多远。"这句话虽然有点夸张,却道出了思想对行动的指导作用。同样,在习惯的培养上,我们能否成功,关键也取决于我们的思想,如果你是个使命感强的人,你希望自己活得伟大,那么对于当下的行动,你就有自控意识,你就能坚持不懈地努力。因此,我们每个人都应该找到自己的使命,制定明确的目标,并为实现自己的目标而奋斗,这样才能成为你想成为的人。

除了天分,日本著名指挥家小泽征尔拥有更多的是勤奋。日本作曲家武满彻曾经在小泽征尔的寓所住过一段时间,目睹了大师的勤奋,他说:"每天清晨4点钟,小泽征尔的屋里就亮起了灯,他开始读总谱。真没想到,他是如此用功。"原来,小泽征尔从青年时代就养成晨读的习惯,一直坚持到今天。"我是世界上起床最早的人之一,当太阳升起的时候,我常常已经读了至少两个小时的总谱或书。"小泽征尔这样说。

正是因为如此,在一次演出中,小泽征尔以敏锐的洞察力听出了乐谱的错误,并敢于向在场的权威人士质疑,成功在比赛中胜出。

的确，伟大的成功和辛勤的劳动是成正比的，有一分劳动就有一分收获，日积月累，奇迹就可以创造出来。这是绝对的真理。只有勤奋工作才是最高尚的，才能给人带来真正的幸福和乐趣。勤奋是通往荣誉圣殿的必经之路。那么，小泽征尔为什么会如此用功？他是怎么养成勤奋学习的习惯的？可以说，他的动力来自他对音乐的热爱和追求。

　　因此，生活中的人们，如果你还在浑浑噩噩地生活着，还在感叹自己无法改掉某些恶习，那么，你不妨也为自己找个伟大的目标吧。具备强有力的信念，你就能找到前进的方向和动力。它能使你摆脱空谈主义，能帮助你挖掘身体的所有潜能，能帮助你克服很多阻力。

　　很多年前，在美国有个叫史蒂文的残疾人。和很多残疾人一样，他的残疾是后天不幸所致。不能正常行走的他，陷入极度的恐惧和无助中，甚至学会了喝酒度日。就这样，20年过去了。但这一切在另外一场意外中改变了。

　　有一天，他和往常一样，从酒馆出来，照常坐轮椅回家，却碰上了一群连残疾人都不放过的劫匪，这群劫匪早就盯上了他的钱包。

　　当他的钱包被抢后，他拼命呐喊，试图找到一个能够帮助他的人，但这群劫匪在听到他的呼喊后，居然萌生了杀人灭口的念头，他们放火烧他的轮椅。轮椅很快燃烧起来，求生的本能让史蒂文忘记了自己的双腿不能行走,他立即从轮椅上站起来,一口气跑了一条街。事后,史蒂文说:"如果当时我不逃,就必定被烧伤,甚至被烧死。我忘了一切,一跃而起,拼命逃走。当我终于停下脚步后,才发现自己竟然又能走了。"

现在,史蒂文已经找到了一份工作,他身体健康,与正常人一样行走,并到处旅游。

信念的力量是无穷的,大自然赐给每个人以巨大的潜能,但由于没有进行各种训练,每个人的潜能从没得到过淋漓尽致的发挥。人的潜能往往是通过强力激发出来的。人人都是天才,至少天才身上的东西都有可能在普通人身上找到。

爱默生告诫我们:"人总归是要长大的。天地如此广阔,世界如此美好,等待你们的不仅是需要一对幻想的翅膀,还需要一双踏踏实实的脚!"任何人的成功都依赖于点滴的进步。但反过来,任何思维和行为上的进步也需要梦想的指引。因此,从现在起,你只需树立一个正确的理念,调动你所有的潜能并加以运用,便能带你脱离平庸的人群,步入精英的行列!

我们都渴望成功,但成功并不是一蹴而就的,没有人能随随便便成功,成功者必须有良好的行为习惯和严谨的工作作风、勤奋的学习态度等,不付出努力,同时又想成功,这是不可能的。同时,反过来,成功的理念、梦想、使命感都能对我们的行为起到指引和约束作用,因此,我们有必要为自己树立一个伟大的行为目标，并制订一个可行的计划，这样，我们就获得了持久的动力。

生命的生动在于永远不放弃

每个人都有自己的梦想，都幻想着自己成功的无数可能，然而，面对手头卑微的工作，他们总是抱怨自己生不逢时，自己没有高学历，没有资本，没有贵人相助……殊不知，成功人士何尝不是从基层做起的呢？现在的强者，何尝不是曾经的弱者？

起点低并不重要，重要的是你有没有进取心，如果你毫无野心，做一天和尚撞一天钟，那么，你永远只会庸庸碌碌、毫无成就。进取心是人类进步的源泉，它是威力最强大的引擎，是决定我们成就的标杆，是生命的活力之源。美国迪士尼乐园的创始人沃尔特·迪士尼说：做人如果不继续成长，就会开始走向死亡。齐白石到93岁才画了600幅画，歌德到80岁的时候才写出世界名著。进取是没有止境的，任何人都不能满足于现状，而需要不断地开拓新的领域。

所以，想法决定活法，即便你起点低，但人生总是充满无限的可能，而且几乎所有的成功人士，刚开始所从事的工作都是卑微的，甚至是烦琐的、无聊的，但他们却不忘积聚自己的实力,在长久的努力中厚积薄发,实现梦想。

20世纪30年代,在英国一个不出名的小镇里,有一个叫玛格丽特的小姑娘,她自小就受到严格的家庭教育。父亲经常向她灌输这样的观点:无论做什么事情都要力争一流,永远走在别人前头,而不能落后于人。"即使是坐公共汽车,你也要永远坐在前排。"

正是因为从小就受到父亲的"残酷"教育,玛格丽特才培养了积极向上的决心和信心。在以后的学习、生活或工作中,她时时牢记父亲的教导,总是抱着一往无前的精神和必胜的信念,尽自己最大努力克服一切困难,做好每一件事情,事事必争一流,以自己的行动实践着"永远坐在前排"。

玛格丽特上大学时,学校要求学5年的拉丁文课程。她凭着自己顽强的毅力和拼搏精神,硬是在1年内全部学完了。令人难以置信的是,她的考试成绩竟然名列前茅。

其实,玛格丽特不光是学业出类拔萃,她在体育、音乐、演讲及学校的其他活动方面也都一直走在前列。当年她所在学校的校长评价她说:"她无疑是我们建校以来最优秀的学生,她总是雄心勃勃,每件事情都做得很出色。"

正因为如此,40多年以后,英国乃至整个欧洲政坛上才出现了一颗耀眼的明星,她就是连续4年当选保守党领袖,并于1979年成为英国第一位女首相、雄踞政坛长达11年之久、被世界政坛誉为"铁娘子"的玛格丽特·撒切尔夫人。

从这个故事中,我们可以发现,一个人的行动是受理想支配的,一个人只要积极向上、朝着自己的梦想和目标奋进,即便当下做着再卑微的工作,他也终会有成功的一天。因此,生活中的人们,你们也要大胆地编织自己的梦想,理想超前一些,你的行动就会领先一步,你才能找到学习的动力。心存梦想、力争上游的人,他的每一天都是积极的,长此以往,必定有不凡的成就。

拿破仑·希尔也曾说,进取心是一种极为难得的美德,它能驱使一个人在不被吩咐应该去做什么事之前,就主动地去做应该做的事。进取心是一种激励我们前进的、最有趣而又最神秘的力量,它存在于每个人的生命中,就像自我保护的本能一样。正是进取心这种永不停息的自我推动力,激励着人们向自己的目标前进。这种内在的推动力从不允许人们"休息",它总是激励我们为了更好的明天而奋斗。

所以,进取心塑造了一个人的灵魂。每个人所能达到的人生高度,无不始于一种内心的状态。任何一个人,无论你现在做什么工作、起点有多低,都要力求更好,时时努力超越自己。希望和欲念是生命不竭的原因所在。记住无论在什么境况中,你都必须有继续向前行的信心和勇气,生命的生动在于永远不要放弃。

成功者都有一颗不甘平凡的心

哲人说,每个成功的人,都有一颗不甘平凡的心。平凡是人生的常态,在诗人眼里,平凡是寒冷中披在身上的暖衣;是困境中真挚的笑容;是在快乐中一起分享的幸福;是炎热中为你扇风的竹扇。平凡是生活中最朴素的东西,它拥有真挚的外衣。

普通人都是平凡的,但如果一个人甘于平凡、不思进取,就会安于现状,碌碌无为。那些有理想、有追求的年轻人,也许现在很平凡,但是他们绝不会平庸。他们是成功道路上平凡的奋斗者,他们一路都在追寻着人生价值,他们在努力创造平凡生命中的不平凡。

在现实生活中,我们看到,不是所有人都安于平凡,但很多人流于平庸。不是所有人都内心平静,但很多人碌碌无为。即使是站在平凡的岗位上,处于平凡的起点,只要你有一颗不甘平庸的心,你也能创造白手起家的大业。

美国第三大钢铁公司——伯利恒的创始人齐瓦勃,出生于美国乡村,只受过短暂的学校教育。15岁那年,家中一贫如洗的他到一个山村做了马夫。然而雄心勃勃的齐瓦勃无时无刻不在寻找着发展的机遇。3年后,齐瓦勃来到钢铁大王卡内基所属的一个建筑工地打工。当其他人都在抱怨工作辛苦、薪水低并因此而怠工的时候,齐瓦勃却一丝不苟地工作着,并且为以后的发展而开始自学建筑知识。

晚上，同伴们都在闲聊，唯独齐瓦勃躲在角落里看书。有一天，恰巧公司经理到工地检查工作，经理看了看齐瓦勃手中的书，又翻了翻他的笔记本，什么也没说就走了。第二天，公司经理把齐瓦勃叫到办公室，问："你学那些东西干什么？"齐瓦勃说："我想，我们公司并不缺少打工者，缺少的是既有工作经验，又有专业知识的技术人员或管理者，对吗？"经理点了点头。不久，齐瓦勃就被升任为技师。打工者中，有些人讽刺挖苦齐瓦勃，他回答说："我不光是在为老板打工，更不单纯是为了赚钱，我是在为自己的梦想打工，为自己的远大前途打工。我只能在认认真真地工作中不断提升自己。我要使自己工作所产生的价值，远远超过所得的薪水，只有这样我才能得到重用，才能获得发展的机遇。"

抱着这样的信念，齐瓦勃从平凡的岗位上，一步步升到了总工程师的职位上。25岁那年，齐瓦勃做了这家建筑公司的总经理。后来，齐瓦勃终于独立建立了属于自己的大型钢铁公司——佰利恒，并创下了非凡的业绩，真正完成了从一个普通人到富翁的飞跃，成就了自己的事业。

从齐瓦勃的经历中我们看到，一个不甘平庸的年轻人，无论他现在正从事着什么工作，他都会将它视为毕生的事业来对待。正确地认识自己平凡的工作就是成就辉煌的开始，也是一个人白手起家最起码的要求。

不甘平凡是自我剖析后的一种积极的心态。人的聪明才智有大小,学问有高低,能力有强弱,只有真正认识到自身的不足,才能克服不足,或以勤补拙,或居安思危,不断进步。

年轻时我们可以功不成、名不就,可以无过人之才,也可无惊世之举,但绝不可以不知为什么而活,绝不可以浑浑噩噩、无所事事。人生一世,没有理由让自己的生命在挥霍和埋怨中流逝,而应最大限度地寻求人生的价值。

1872年,有一名医科大学的应届毕业生,正在为自己的将来烦恼:像自己这样学医学专业的人,一年有好几千,面对残酷的择业竞争,我该怎么办?在当时,争取一个好的医院工作就像千军万马过独木桥。后来这个年轻人没有如愿地被当时著名的医院录用,他到了一家效益不怎么好的医院。可这并没有阻止他成为一位著名的医生,后来他还创立了世界驰名的约翰·霍普金斯医学院。

他就是威廉·奥斯拉。他在被牛津大学聘为医学教授时说:"其实我很平凡,但我总是脚踏实地在干。从还是一个小医生时,我就把医学当成了我毕生的事业。"

很多人觉得成功遥不可及,特别是当自己处于平凡的岗位上,做着普通的事情时,所有的梦想都好似幻想,只有庸庸碌碌的生活才显得如此真实。其实,没有人注定平凡,也没有人生来就卓越。人生就像一次淘汰制的长跑复赛，永远是把跑得最快的人选出来再比。因此，永远是败的人多，胜的人少。但不管是胜是败，每一位参赛者都应奋力奔跑，创造自己最佳的成绩。而不能因为自己实力不足、条件不够就自动放弃，甘愿平庸。平庸让你的人生沦陷，从开始平庸的那一刻起，伴随我们的往往只是庸俗的历程罢了，在这之中，或许能得到一丝欢乐，但之后的路程将一直平庸痛苦直至生命终结。

对于有志者来说，在平凡的起点上任劳任怨，蓄积力量，拒绝懒惰与懈怠、拒绝浅薄与浮躁，培养积极的心态，就能实现人生的飞跃，也能发现实现人生价值的独特轨迹。

美好的希望来自最无望的逆境中

生活中，人们常开玩笑说："梦想很丰满，现实很骨感。"我们每个人来到这个世界上，都想在这个世界上留下点什么。我们都历经了艰辛、困难、挫折、失败，变得沮丧、变得没有自信，乃至放弃了原本的努力和追求，我们是如此的无奈。但是，成功的人能有几个？大部分人都是平凡的，甚至是碌碌无为地度过漫长的一生。每个人都有着属于自己的梦想，却又不得不为了生活、为了生计而与当初的梦想背道而驰。这应该是大部分人的成长轨迹。

然而，在追求梦想的过程中，我们无论何时都不能放弃希望。人生无常，当人生的不幸来临时，积极的心态是一个人战胜一切艰难困苦、走向成功的推进器。积极的心态，能够激发我们自身的所有聪明才智；而消极的心态，就像蛛网缠住昆虫的翅膀、腿一样，会束缚人们才华的光辉。石油大王洛克菲勒曾说："命运给予我们的不是失望之酒，而是机会之杯。"这句话曾被他写进家信中，目的是要告诉他的子女们，无论命运把我们置于何地，我们都不要放弃自己的梦想。

洛克菲勒自己就业之初就有一段辛酸史。那时候，他刚从学校毕业，立志要进入一家大公司，因为这样他能以大公司的方式思考问题。于是，他开始了自己辛苦找工作的历程。他来到一家银行，但不幸的是，他被拒绝了；接下来，他又去了一家铁路公司，结果仍然失败了。那是一段难熬的日子，天气又很热，但他还是坚持找工作，他所有的生活内容就是找工作，一个星期内，他把所有被他列入名单的公司都找了个遍，但仍然一无所获。

在外人看来，这是一件非常糟糕的事，但洛克菲勒告诉自己：没人能阻止你前进的道路，阻碍你前进的最大敌人就是你自己。如果你不想让别人偷走你的梦想，那你就要在被挫折击倒后立即站起来。

洛克菲勒没有沮丧、气馁，尽管他遇到了接二连三的打击,反而坚定了他继续努力的决心。接下来,他又从头来过,一家一家地跑,有些公司,他甚至跑了几次。皇天不负有心人,这场漫长的求职旅程终于在一个半月以后结束了。

1855年9月26日,他被休伊特–塔特尔公司雇用。这一天似乎决定了洛克菲勒未来的一切。直到很多年后,洛克菲勒还是把9月26日当作"重生日"来庆祝,他对这一天抱有的情感远胜过他的生日。

曾经有人说,人在功能上就像是一部脚踏车,除非你一直向上、向前,朝着目标移动,否则你就会摇晃跌倒。从小到大,每个人都会有许多梦想。有人说:"年少时,梦想往往很远大;成年后,梦想常常会缩小。步入盛年,我们的梦想或许越来越少;但是,我们的梦想不再不切实际,而是可以通过努力去实现的。"但实际上,年少时的梦想本来同样可以实现,只是很多时候,在众多现实问题和困难前,我们把它搁浅了。的确,现实车轮沉重缓慢地碾碎了许多人的梦想。

事实上,成功和失败的区别在于心态:成功者着意放大积极的一面,失败者总是沉迷消极的一面。心态是个人的选择,有成功心态者处处都能发觉成功的力量。一个人有了积极的心态,成功就变得容易了。

上帝赐予我们聪慧的大脑和坚韧的肌肉,不是为了让我们成为失败者,而是希望我们成为伟大的赢家。伟大的人生就是不断征服和变得卓越的过程，我们必须要向这个目标前进，不怕痛苦，态度坚决，准备在漫长的道路上跌跌。总之，在追求梦想的过程中，无论我们遇到了什么，都一定要振作起来！学会用积极的眼光看待问题，这样你就能看到阳光、看到希望。

同时，哲人告诉我们，只要信念还在，希望就在。许多人一陷入困境，就悲观失望，并给自己施加很重的压力，其实，你应告诉自己，困境是另一种希望的开始，它往往预示着明天的好运气。因此，你只要放松心情，告诉自己希望无所不在，再大的困难也会变得渺小。可以说，这也是一种"和谐"的心态，如果你认为前方路途是好的，那么，你就能朝着这一好的方向行进，并最终看到曙光。

魏尔仑说："希望犹如日光，两者皆以光明取胜。前者是荒芜之心的神圣美梦，后者使泥水浮现耀眼的金光。"希望给人以坚定的信念，心中没有希望就不会耐心地等待，而最美好的希望往往产生于最无望的逆境中。

人一生不可能常处顺境，有时候你会被淘汰出局，但只要你继续参加比赛，就有希望存在，总会获得让你满意的成绩。天才未必就能富有，最聪明的人也不一定幸福，想要摆脱人生的困境，你就要让希望的阳光照进心田，努力让自己摆脱困境。

当然，信念只是起到支持行动的作用，要走出困境，关键还在于我们自己。古语云："自助者，天助之。"把别人的帮助当作希望，往往只是一种被动的奢求。外界的帮助使人更加脆弱，自助却使人得到恒久的鼓励。

今天的努力，是为了更好的明天

你可曾设想过自己十年后的人生是怎样的？看到这个提问，相信大多数人会感到脑中突然一片空白，也不知道该怎样回答，这是因为他们虽然已经忙忙碌碌地度过了二十多年、三十多年甚至四五十年的人生，但是他们从未想过自己十年之后的人生将会如何。对于这样没有预见性和前瞻性的人生，相信很多心理学家都会感到遗憾，毋庸置疑，这些人是没有梦想的，甚至连自己十年之后的生活都未曾设想过，所以他们当然也不可能瞭望一生。

很多人等到人生迟暮、白发苍苍，才突然想起来自己应该规划人生，并因此而懊丧自己从未真正设想过人生。然而，人生是一场没有归途的旅程，任何人要想在人生之中无怨无悔，就要尽量提前规划人生。也许有朋友说，就算是提前规划，人生的梦想也未必能够如愿以偿地实现。的确，就算是提前规划，人生也难免虚度，但是，有了方向的指引，人生至少不会变得那么难熬，也不会让人感到绝望和无望。所以，趁着年轻，朋友们，马上就去计划人生吧！

记得曾经有人说，没有计划的人生注定被计划掉，相信每个人都不希望自己被淘汰吧！虽然人生何时开始都不算晚，但是规划还是应该宁早毋晚。众所周知，人生最大的资本就是年轻，只有早作规划，我们才能在发现错误和不当的时候趁着年轻改变命运、尽量弥补。奔向梦想，要争分夺秒，片刻都不耽误。

面对关于人生的疑问，大多数人表现出迷惘，也不知道自己的人生将会如何。实际上，尽管人生是无常的，也是不能完全掌控的，但是只要我们怀着积极的态度面对人生，绝不轻易放弃人生中努力的机会，我们还是能够尽最大可能主宰和掌控人生，也能够让人生朝着我们期望的方向发展。毕竟，有目标比没有目标更好，努力比不努力更好，坚定不移实现梦想比随波逐流、茫然无措更好。

每个人都有自己的梦想，也许各人的梦想完全不同，但是每个人在梦想道路上前行的姿态则有很大的相似。没有人能够轻轻松松走完梦想之路，也没有人能够毫不费力就实现对人生的预期。一个人不管是否有天赋，都要最大限度激发自身的潜能，也要战胜一切困难，勇往直前地朝着人生目的地前行，才能不负此生，才能了无遗憾。

很多曾经在梦想道路上遭遇过困境的朋友都知道，最可怕的不是辛苦和艰难，也不是付出和努力，而是在拼尽全力之后却始终看不到前进的方向，也不知道人生到底能去往何处、到达何地。这样迷惘的无力感，让人生因此而变得黯然失色，就算是再坚强的人，也会在这种无力感面前失去奋斗的勇气和坚持的毅力。所以，每个人的当务之急就是跳出梦想的怪圈，摆脱梦想的大坑，让自己能够稳步向前。所以，朋友们，只要有闲暇，或者哪怕很忙碌，也要挤出闲暇时间，去设想一下十年后的生活。正所谓磨刀不误砍柴工，也许在设想和憧憬未来之后，你会发现自己曾经的郁郁寡欢全都消失了，取而代之的是一个充满生机和活力的你，是一个勇往直前、意气风发的你。

还需要注意的是，在实现梦想的过程中，千万不要因为疲惫而轻易放弃，更不要停下来休息。因为，有的时候你误以为是休息，而实际上却是彻底停顿。人生既不可能重来，也经不起一次又一次的停顿和永无休止的折腾，既然这个世界上绝没有后悔药，那么我们要做的就是趁着年轻背起沉重的梦想包袱，不遗余力、勇往直前！

记住，只有你自己，才能决定你十年后过怎样的生活！

遵从内心，为梦想而奋斗

我们都知道，任何一个有理想、有追求、有上进心的人，一定都有一个明确的奋斗目标，他懂得自己活着是为了什么。因而他所有的努力,从整体上来说都能围绕一个比较长远的目标进行,他知道自己怎样做是正确的、有用的,否则就是做了无用功,或者浪费了时间和生命。显然,成功者总是那些有目标的人,鲜花和荣誉从来不会降临到那些没有目标的人的头上。

因此,我们只有从现在起,树立一个明确的目标并为之努力、奋斗,我们才会认识到体内所蕴藏的巨大能力,才能最终实现自己的理想。

曾经,在某小学的一场作文课上,老师为大家布置了一个作文题目:我的梦想。

有个小男孩,他很清楚地知道自己的梦想是什么,所以他奋笔疾书,很快写好了作文,内容是:我想拥有一座占地十余公顷的庄园,在庄园里,有休闲旅馆,有烤肉区,有小木屋。

然而,当他把作文交上去的时候,老师却批了一个大大的红"×",并要求他重写。

小男孩很费解,就问老师理由,老师说:"我说的是围绕自己的梦想写,而不是让你在这痴人说梦,你知道吗?"

小男孩委屈地说:"可是,老师,这真的是我的梦想啊!"老师生气地说:"可是你说的这些都是空想,我要你重写。"

小男孩依然不愿意妥协,他自信地说:"我很清楚,这才是我真正想要的,我不愿意改掉我梦想的内容。"

老师摇摇头:"如果你不重写,我就不让你及格了,你要想清楚。"小朋友坚定地摇摇头，因为不愿意重写，那篇作文他只得到了一个大大的"E"。

很快，30年过去了，曾经的这位教师也老了。一次，他带着一群小学生来到了一座很大的庄园，享受着绿草、舒适的住宿以及香味四溢的烤肉。他走着走着，遇到了庄园的主人，他一看，对方竟然是自己曾经的学生，也就是那个作文不及格的学生。回想当年，他十分惭愧，也感叹万分："30年来，我不知道用成绩改掉了多少学生的梦想，而你，是唯一坚定自己梦想，相信自己，没有被我改掉的人。"

在生活中，对于自己的梦想或是目标，不管有多么虚无缥缈，多么不切实际，都需要坚持到底，永远地相信自己一定能办到，一定可以实现这些目标。如果有人对我们的想法进行挑衅，也不要退缩，更不要随意更改自己的目标，有句话叫"走自己的路，让别人去说吧"，别人爱挑衅，对我们的言行进行冷嘲热讽，那是他们自己的事情，而我们只需要保持自信，就可以赢得最后的成功。

当然，只是有目标并不能带来成功，要真正实现蜕变，还要我们忍耐枯燥、寂寞，需要我们付出不懈的努力。

生活中的人们，为梦想努力吧，假如你是一名学生，为分数而努力学习，你就会得到分数，但如果为充实自己、为求知读书，那么除了得到分数外，你还会获得知识和成长；假如，你是一名商人,为了挣钱而做生意,你的努力会帮你实现财富梦,除了财富外,你还会获得为之打拼的快乐;假如,你是一名员工,为每月定时发放的薪水而工作,你可能得到较少的薪水,如果你为提高公司业绩而奔走,你不仅会得到较多的薪水,也会得到满足和同事的敬重,你对公司的贡献大家都看在眼里。

总之,梦想具有无穷的力量。梦想也会给我们带来快乐,只要你追随自己的天赋和内心,你就会发现,你的生命被赋予了更高的意义,你也不再是消磨光阴,而是在让时间闪闪发光,奋斗也就变成一件快乐的事。

第二章

良好的习惯，造就成功的人生

培养良好习惯,摆脱平庸

亚里士多德曾经说过:"我们每一个人都是由自己一再重复的行为所铸造的。因而优秀不是一种行为,而是一种习惯。"那些成功者们,都有诸多良好的习惯。

有心人也许有这样的发现:成功的人似乎永远都在成功,仿佛有一种魔力在驱赶着他走向成功;而失败的人似乎永远都在失败,仿佛他天生就注定是个失败者。究竟是什么导致了这种现象的出现?答案是"习惯"。如果一个人习惯于勤奋,习惯于结交朋友、发现机遇、珍惜时间、果断决策等,他就会成功;如果一个人习惯于懒惰、虚伪、逃避等,他就会一事无成。

就如拿破仑所说,习惯能成就一人,也能摧毁一个人。好习惯是开启成功的钥匙,坏习惯则是一扇向失败敞开的门。人生是一种优胜劣汰的竞争,在追求成功的道路上,良好的习惯经常是获得成功的捷径。

有人说:"习惯成自然,自然成人生,这里面隐藏着人类本能的奥秘。" 好习惯是成功的助力器,良好的习惯能使平庸者成为人才。

失败的人和成功的人之间,有很多共同点,而往往在习惯方面却有很大的差异，正是这些不同造成了他们不同的命运。改掉坏习惯，养成好习惯，你的命运就会大不相同。

富兰克林在青年时期，就坚定养成好习惯的信念。他给自己制订了克服13个坏习惯的计划，取得了意想不到的良好效果。

富兰克林为了保证有更多的时间用于学习，在计划的"程序"一条里，规定自己几点起床、几点吃饭、几点阅读，使生活有条不紊。后来有朋友说他常常表现出骄傲情绪，他又把养成"谦虚"的好习惯列入计划。他每周选出一种缺点进行矫正，每晚必须作自我反省，每天记录自己努力的结果。有时坏习惯没有彻底改变，尚未达到自己理想标准时，就再延长矫正一周，直到好习惯代替坏习惯为止。

在没有登上总统宝座之前，富兰克林有一个很不好的习惯，就是凡事太爱争强好胜，动不动就和别人打嘴皮官司，始终难以跟人相处。因为这个习惯，富兰克林失去了很多朋友。他觉悟之后，马上就着手改变自己的习惯。他列出了一个清单，把自己个性上那些不良习惯一一写在上面，并且从最致命的不良习惯开始，一直纠正到不足挂齿的小毛病为止。当他把自己的毛病全部改正完毕的时候，良好的习惯遍布全身，如去倾听、去赞扬、站在别人立场上想问题、去爱、多付出等，结果，他成了美国历史上最受尊敬和爱戴的总统之一。

坏习惯是通往成功之路的绊脚石，而好习惯则是最有力的推动器。人是一种习惯的动物，也常常习惯之后就不想去改变，一个人不是成为习惯的主人，就是会沦为习惯的奴仆。诸多普通人在坏习惯的影响下，人生一直在走下坡路。而那些建立了良好习惯的人能推动自己走向成功。萧伯纳坚持"该先做的事情就先做"的习惯，这使他成为著名的作家；爱迪生坚持想睡就睡的习惯，保证了他工作时有极高的效率，思维保持活跃，从而有了一个又一个发明创造；约翰·洛克菲勒坚持工作有张有弛的习惯，从而成为了全世界拥有财富最多的人之一。

一个人一旦有了好习惯，那它带给你的收益将是巨大的，而且是超出想象的。行为科学研究表明：一个人的行为大约只有5%是属于非习惯性的，而剩下的95%都是习惯性的。一个人无论做什么，都可能形成习惯。因此，想要成功的人，在平时的生活和工作中培养自己成大事的好习惯，是摆脱平庸人生的先决条件，更是促使你的事业快速腾飞的秘诀。

天分遇到勤奋，人生一定会长出翅膀

不可否认，有些人在某些特定的领域的确是有天分的，但是他们的成功恰如爱迪生所说，是99%的努力，再加上1%的天赋。由此可见，不管你多么有天赋，如果不够努力，最终只会让天赋埋没,难以散发出独特的光彩。

在这个世界上,没有人能够仅凭天分取得成功。天分与天才之间,还隔着漫长的路,那就是勤奋和努力铺就的路。如果你站在天分的这端,却从未有过勤奋,那么你只能与天才遥遥相望,而永远得不到这顶桂冠。

看着他人顶着成功的光环,拥有无数骄人的成就,你也许会抱怨自己的父母,没有把自己生得很有天分。其实,天分是可以用后天的勤奋弥补的。你最该做的就是,感谢父母给了你勤奋努力和上进的心,而不仅给了你天分。当天分遇到勤奋,一定会产生神奇的化学反应。当你意识到自己应该笨鸟先飞,你的人生一定会长出翅膀。

作为中国历史上颇具影响力的伟大人物之一,曾国藩从小就缺乏天赋。有一次,曾国藩把一篇文章读了很多遍,却依然磕磕巴巴地背不流利。当其他小朋友出去玩时,他只能留在家里读书;当家人已经酣然入睡时,他也不得不努力睁大着眼睛继续读书。就这样,他为这篇文章付出了比他人多很多倍的努力,但是依然茫无头绪。

一天晚上,有个贼偷偷潜伏到曾国藩的家里,想趁着他们全家酣睡的时候偷点儿东西。然而,贼左等右等,曾国藩总是反反复复地读同一篇文章,丝毫没有准备睡觉的意思。贼等了很久很久,等到太阳都快出来了,曾国藩依然不知疲倦地反复诵读。这时，贼实在耐心耗尽，因而猛地从屋檐上跳下来，怒斥道："就你这水平，还想读书！"说完，贼非常流利地把那篇文章背诵了一遍，然后扬长而去。从这里不难看出，贼是很聪明的，居然在曾国藩彻夜苦读都没有背下文章的情况下，先人一步地将文章背诵了下来。但是贼的聪明是小聪明，而且用错了地方，所以，直到曾国藩成为人人敬仰和钦佩的人，贼也依然还是贼。

从这个故事我们不难看出，勤能补拙。对于那些思维不够敏捷的朋友而言，也许未必凡事都要追求一个快字。只要能够耐下心来，全心全意地诵读和学习，迟早能够提升自己，有所成就。

很多人都曾听说过"天道酬勤"，这个词语的意思显而易见。大凡孜孜以求、不倦努力的人，也许暂时不会有太大的收获，但是只要坚持不懈地付出，肯定能为自己的人生打开与众不同的天地。与此恰恰相反，有很多人觉得聪明是自己最大的资本，因而他们总是忍不住要耍小聪明，似乎自己稍微努力一些就能超越寻常人。遗憾的是，聪明固然重要，却远远不如勤奋对于人生影响更大。从古至今，一分耕耘，一分收获，没有任何人的成功是一蹴而就的。

从现在开始，不管你是天赋异禀，还是资质平平，只要你渴望成功，渴望为自己的人生开天辟地，就应该笨鸟先飞。对于很多不能马上掌握的东西，我们唯有先于别人学习，再比别人付出更多的时间反复练习，才能够取长补短，最终成就自己。

修正不良习惯，成就最优秀的自己

《辞海》中，对"习惯"一词的解释是：长时间逐渐形成的行为方式。而最新的科学研究也表明：一个人一天的行为中大约只有5%是属于非习惯性的，而剩下的95%的行为其实都是我们的习惯使然，长此以往，不知不觉中，有些习惯就变成了我们的个人特质，甚至成为我们个人独一无二的所在。

习惯其实说到底就是我们潜意识里的活动，一旦启动就会按照既定的程序演绎和推进。因此，可以说，习惯其实是一种神奇的力量，能够左右我们的行动。就好比跑步一样，一旦我们选定了一条道路，开始奔跑，一开始我们可能会很累，但是跑久之后，你会发现自己有点停不下来，似乎自己已经不再需要什么力量就能够继续跑动。而这就是惯性的力量。

惯性对我们来说其实并没有明确的好坏之分，只是看你如何利用。如果将自己不好的行为习惯坚持下去，最终收获到的只能是一条通往毁灭的路。相反，如果选择将自己的长处坚持下去，最终形成的就会是自己的独一无二，就会让自己收获到更多的机遇与希望。

我们到印度或者泰国旅游的时候，经常会看到这样的场景：在不少游乐场里面，拴住一头头重达千斤的大象的竟是一条细细的链子，外加一根矮矮的柱子。是大象生来性格温顺，所以不会想要逃跑吗？显然并不是，渴望自由应该是每一个动物的天性，无法逆转。那么，是这条细细的链子有什么魔力，竟然能够让拥有巨大力量的大象挣脱不开吗？答案也不是。那到底为什么会是这个结果呢？真实的答案令人深思：这是源于习惯的力量。

原来，在大象还是一头小象的时候，训象人就会用一条铁链将它拴在柱子上。一开始，小象会拼了命地挣脱，但是显然，对于小象来说，这根铁链以及木桩是它怎么挣脱都无法成功的阻碍。终于，在一次次挣扎失败之后，小象便认为自己绝对不可能挣脱这铁链和木桩了。于是，小象最终选择了放弃，不再挣扎。而带着铁链生活也慢慢变成了小象的生活习惯，即便小象最终长成了大象。习惯已经形成，大象也没有再想过要去努力挣扎以换得梦寐以求的自由。殊不知，成年之后的大象拥有了更多力量，其实只要稍加用力，便能挣脱掉这小小的铁链。由此，最终锁住这大象的其实早已不是这小小的铁链，而是大象脑海中"我用尽全身力气也挣扎不断，不如放弃"这样的惯性思维了。

伟大的思想家、哲学家培根曾经说过："习惯是人类的主宰。"的确，纵观历史上古往今来的成功人士，仔细观察他们的生活，你会发现他们都有着一个共同点：他们都有着令自我优秀的习惯。正是由于这些习惯，他们才能够持之以恒地坚持各自所追求与从事的事业并最终大获成功。由此可见，习惯可以直接影响我们的一生。其实仔细想来，这样的言论并不算是耸人听闻，打个比方：一个人在生活当中经常喜欢发脾气，长此以往，遇到任何事情都发脾气就变成了他的习惯。而习惯一旦形成，遇事发脾气就已经变成了他的一种心理特点，至此，他遇事更爱发脾气了，变成了一个容易暴躁的人。而拥有暴躁性格的人在我们的生活中会遇到哪些困阻则是不言而喻的。因此，不要将平时的言行认为只是随意的无谓举动，其实，习惯的形成始于我们生活中的点点滴滴。在平时的言行中就对自己严格要求，注意修正自己不好的习惯才能不断地提升自己，最终变得越来越优秀。

拖延的习惯就是隐形的时间杀手

准备资料时，却在网上分享视频；写报告时，却在更新微博；明明手上的事情还没做完，却一会儿泡杯咖啡，一会儿整理办公桌……反正就是提不起工作兴趣，本来该完成的正事是一拖再拖。

你是不是也有这些"症状"呢？很多人都表示，自己确实常常会这样。这些都是拖延症的表现。

一天早晨，小宋在上班途中，信誓旦旦地下定决心，一到办公室即着手草拟下年度的部门预算。他9点整走进办公室，但并没有立刻开始预算草拟工作，因为他突然想到应先将办公桌及办公室整理一下，以便在进行重要的工作之前为自己提供一个干净与舒适的环境。他总共花了30分钟的时间，使办公环境变得有条不紊。他虽然未能按原定计划在9点钟开始工作，但他丝毫不感到后悔，因为30分钟的清理工作不但使环境面貌一新，也有利于提高工作效率。他面露得意神色，随手点了一支香烟，稍作休息。

此时，他无意中发现报纸上的彩图照片是自己喜欢的一位明星，于是情不自禁地拿起报纸来。等他把报纸放回报架，时间又过了10分钟。这时他略感不自在，因为他已自食诺言。不过报纸毕竟是精神食粮，也是重要的沟通媒体，身为企业的部门主管怎能不看报，何况上午不看报，下午或晚上也一样要看。这样一想，他的心也就放宽了。正当他准备埋头工作时，电话铃却响了，是一位顾客的投诉电话。他连解释带赔罪地花了20分钟的时间才使对方平息怒气。挂上电话，他去了洗手间。在回办公室的途中，他闻到咖啡的香味。原来另一部门的同事们正在享受"上午茶"，他们邀他加入。他心里想，刚费心思处理了投诉电话，一时也进入不了状态，而且预算的草拟是一件颇费心思的工作，若头脑不清醒，则难以完成，于是他应邀加入，在那儿闲聊了一阵。

回到办公室后，他果然感觉有了精神，满以为可以开始"正式工作"——拟订预算。可是，一看表，已经10点45分了！距离11点的部门例会只剩下15分钟。他想，反正在这么短的时间内也不太适合做庞大而耗神的工作，干脆把草拟预算的工作留到下午或明天算了。

小宋身上就有我们当中许多人的影子，养成了这种拖延的恶习，终将一事无成。拖延的代价实在是太大了。莎士比亚有句名言："放弃时间的人，时间也会放弃他。"若是时间放弃了你，等待你的将是无限的恶性循环，如果不及时醒悟，后果将不堪设想。

一项对2 250人进行的调查发现，72.8%的人坦言自己患上了"拖延症"。同时，72.0%的受访者坦言身边患上"拖延症"的人很多，甚至有93%的受访者表示曾经历"被拖延"的情况。

心理咨询师认为产生拖延行为的根本原因是恐惧情绪。当人们面临压力时，一些人会恐惧自己没能力面对，于是选择拖延，因为拖延会给人"掌控感"。即使失败，也可以有一个借口。

卡耐基说："拖延会变成一个严重的问题，因为你会忽略或延误处理对你而言非常重要的事情。"拖延就是隐形的时间杀手，是最严重的浪费时间的行为，它会使我们深陷"事务性的圈子"而不能自拔。

拖延会让人上瘾，它对一个人的危害不仅表现在所拖的事情上，更严重的是它会侵蚀一个人的意志。当你第一次开始拖延之后，虽然被紧迫的最后期限赶得很慌乱，但是到了下一次，你还是会继续拖延下去。所以，一旦有了拖延的开始，就会养成拖延的习惯。一些人虽然经常被拖延症整得很头痛，也下定决心要改掉它，但是往往又很难从行动上做到。

针对"拖延症"，首先，把繁杂的事务分成非常小的步骤。不要想着一步搞定，相反，我们要将它分解成很小的步骤，今天做一些，明天再做一些。其次，给每个小步骤制定截止日期，把时间精确到以"小时"为单位。最后，中途给自己一点奖励。比如，按时完成一个小步骤，就给自己一点时间放松，喝点咖啡，聊会儿天。其实，一旦你开始做事了，多半会发现自己并不想停下来。

未雨绸缪，任何时候不忘提前做好规划

人生无法准确计划，因为充满着未知。但是，在人生中的很多事情，我们都可以提前做好规划。当你明确方向，一切才可能朝着你预想的样子发展。这就像是一艘船在大海上航行，

朝着灯塔的方向前进，也许能够到达岸边，也许会有些许偏差。但是倘若不管灯塔的方向在哪里，只是随便朝着哪个方向驶去，则到达岸边的可能性就变得微乎其微。这就是方向和目标的指引作用。

也许有人会说，既然规划和计划都是徒劳的，又何必白费力气呢！其实不然。规划，就是我们在人生之中努力的方向，正如灯塔之于海上的船只，能够引领它们不断地朝着正确的方向进发，不断修正航行过程中的偏差。而且，人生如果没有规划，未免会显得过于懈怠。如果你曾经读过名人传记，你会发现几乎每一个成功的人生都是目标明确的。我们很少听到有人能够误打误撞地获得成功。从另一个方面来说，当我们对于即将发生的事情提前规划，做好预案，也能够避免最坏的结果出现时手足无措。人生中的很多时候，我们即便努力了，也未必能够获得成功。因而，我们必须做好万全的准备，最起码心里要对最坏的结果有所准备，这样才不至于仓促失措，不知道如何应对。

当你看到他人不管面对什么事情都镇定自若的时候，你应该相信他人在此之前一定设想过这样的结果，甚至为此提前想到了解决的办法。如果你也想这么从容地面对人生，你就也应该提前规划，做好预案，这样才能淡定自若，从容不迫。

人生中，有些事情是可以预见的，有些事情则是完全从天而降。既然我们无法控制那些不可控的因素，那么就应该尽量把握这些可控制的因素。

人生总是充满意外，有准备的人能够最大限度地保护自己，不被突如其来的灾难打倒。虽然我们都是普通人，但是也应该尽量未雨绸缪，不但要想到乐观的结局，也要设想不尽如人意的方方面面，这样才能让自己最大限度地拥抱和接纳人生。

做到张弛有度，懂得劳逸结合

当今社会，我们都知道珍惜时间、努力工作和学习的重要性，但一个真正珍惜时间和生命的人都懂得张弛有度的道理，是绝对不会透支自己的生命的，疲劳战永远无法带来效率。在生活节奏逐渐变快的今天，很多人在抓住一点一滴的时间学习和工作的同时，也在无形中付出了无法挽回的代价，那就是健康。生活中的人们，你要明白，工作固然重要，但也需要健康的体魄。也就是说，只有合理安排时间，本着劳逸结合的原则，才能最大效率地学习。

2006年2月27日，上海社会科学院亚健康研究中心举办的"过劳死"问题学术研讨会上，上海社科院社会学所助理研究员刘漪对最近发生的92个过劳死案例进行分析，发现近年来

"过劳死"发病率直线上升且以男性人群居多。科教、IT、公安和新闻行业"过劳死"人群的平均年龄已在44岁之下。IT阶层"过劳死"年龄最低，只有37.9岁。

IT业凭什么摘得这顶"黑色桂冠"？IDC华东总监张明认为，这是由IT行业产品更新快决定的。"听见过作家有过劳死吗？很少，因为他们写一部作品，会有很长的时间酝酿，有充分的时间劳逸结合。"

如今，"亚健康"这个词早已出现在我们的生活里，人们在忙碌的工作和学习时，一旦忽略了身心的调节，就可能给健康带来威胁。亚健康是一种临界状态，处于亚健康状态的人，虽然没有明确的疾病，但却出现精神活力和适应能力的下降，如果这种状态不能得到及时的纠正，非常容易引起心身疾病。而亚健康正在引起人们的重视。

我们看看那些日理万机的成功者，他们每天都有那么多事情要处理，为何却还能将自己的时间安排得有条不紊？答案是他们比别人更善于规划时间。他们做的每一件事都经过了精心的规划，他们成功地运用了许多重要方法而攀上顶峰，其中很重要的一门技巧就是：巧妙地利用时间，并懂得体格训练的重要性。

所以，真正高明的人往往会将工作和体能训练双管齐下，这样，你不但会拥有超人的工作效率，还会拥有强健的体魄。

为此，你可以做到：

（1）调整心理状态并保持积极、乐观。

（2）培养广泛的兴趣爱好会使人受益无穷，不仅可以修身养性，而且能够辅助治疗一些心理疾病。

（3）善待压力，把压力看作是生活不可分割的一部分，学会减压，以保证健康、良好的心态。

（4）及时调整生活规律、劳逸结合、保证充足睡眠。人体生物钟正常运转是健康保证，而生物钟"错点"便是亚健康的开始。

（5）增加户外体育锻炼活动，每天保证一定运动量。

要想拥有强健的体魄，最重要的一点就是多运动，这样能适当调节自己的心情，获得快乐的心情，赶走不快的情绪。因为运动的效果是积极的，它可以激发人的积极的情感和思维，抵制内心的消极情绪。此外，运动时能促进大脑分泌内啡肽。内啡肽可以帮助我们降低抑郁、焦虑、困惑以及其他消极情绪，通过改善体能，也能增强自我掌控感，重拾信心。

运动分为有氧运动和无氧运动两种，无氧运动一般都是短时间高强度的，对人的意义不大，弄不好还容易伤到自己。而有氧运动不但有锻炼身体的效果，而且能调节情绪问题，有效地应对情绪中暑。

然而，却有人说，运动会出汗。运动当然是会出汗，这是毋庸置疑的，但除了汗水外，我们会收获更多，我们的身心会在汗水中得到释放。再者，并不是所有的运动都和人们想象的一样会出很多汗，就比如游泳。夏天，最好的运动方式莫过于游泳。当然，无论哪种运动，出点汗都是好事，出汗之后，只要能迅速补充体液和矿物质，再加上一个热水澡，那么剩下的就是舒舒服服的感觉了。尤其是在经过了一段时间的剧烈运动后，那些所谓的烦恼都被抛到九霄云外去了，你会觉得身心畅快。不喜欢运动的人感觉运动是个负担，那是因为他们还没通过坚持体育锻炼获得这种体验。

亲近大自然、新鲜空气和阳光，享受亲情、友情和团队的支持……很多与运动有关的外在因素推动锻炼的人们感受快乐。

安排体育锻炼计划，就如同安排一个感受快乐的时间表，让运动的快乐预期而至，健康不会远离，生活中的种种美好也会陪伴在左右。

身体是革命的本钱，勤奋在心，也需要有个健康体魄。人的体能、心智、精神三者在互动的过程中终将达到完美的平衡。

第三章

珍惜时间，掌控属于你的人生

善用零碎时间，提高做事效率

随着时代的进步，人们对时间的意识和控制也越来越强，工作效率低下者也在努力寻找自己的原因，但无论如何，善于管理时间的人绝对不会浪费一分钟的时间。实际上，那些常被拖延者忽视的零碎时间，如果我们能将它们串联起来，是能发挥很大的效用的。

无论做什么事，要想做出成绩来，就要充分利用一切可利用的零碎时间。而从另一个角度来看，与零碎时间相比，大块时间的脑力劳动其实更容易导致疲劳的积累，使工作效率受到影响。

著名的海军上将纳尔逊曾发表过一项令全世界懒汉瞠目结舌的声明："我的成就归功于一点：我一生中从未浪费过一分钟。"达尔文说："我从来不认为半小时是微不足道的一段时间。"雷巴柯夫曾说："用分来计算时间的人，比用时计算时间的人，时间多59倍。"

人们常说，时间往往不是一小时一小时浪费掉的，而是一分钟一分钟悄悄溜走的。每个人的一天只有24个小时，所以应该珍惜时间去充实自己。一个人如果认识到时间的重要，看到自己水平不高，感到时间的紧迫，就会自觉地去利用零碎时间。古往今来，一切有成就的学问家都是善于管理时间的高手。

东汉时，有名学者，名叫董遇，幼年时代就痛失双亲，但他孜孜不倦地学习，只要有闲余时间，他都会学习。他曾经说："我是利用'三余'来学习的。""三余"，即"冬者岁之余，夜者日之余，阴雨者晴之余"。也就是说在冬闲、晚上、阴雨天不能外出劳作的时候，他都用来学习，这样日积月累，终有所成。

我们最宝贵的不过是几十年的生命，而生命是由一分一秒的时间所累积起来的。没有善加利用的每一分钟，都是无法返回的。而"事情就怕加起来"这一古老的谚语也是说的这个道理。在事业上有成就的人，在他们的传记里，经常可以读到这样一些句子："利用每一分钟来读书。"

然而，生活中不少人总是在为自己的偷懒找借口，因为他们认为那些零散的时间没什么用处，其实这些时间看似很少，但集腋能成裘，几分几秒的时间，看起来微不足道，但汇合在一起就大有可为。

实际上，对时间计算得越精细，事情就做得越完美，无论是学习还是做事，如果你能以分为单位，对那些看起来微不足道的零碎时间也充分加以利用，你就能有所收获。

以学习为例，零碎时间的学习能保持大脑的兴奋状态，效果极佳。而且，如果你致力于学习，那么，利用零碎时间学习一些必须熟记的生词、公式、规则等，有利于反复记忆，加深印象。

利用零碎时间的技巧很多。例如，我们可以准备一个随身携带的小本子，记上要背的单词和知识点，有空就读一遍；在起床、洗脸、刷牙、就餐等活动场所的墙上，钉上一个和视线等高的小夹子，夹上一张卡片，卡片上写上当天要背的单词、公式等；还可运用录音机，把要背的知识内容录下来，吃饭、洗脚的时候都可以听。总之，利用零碎时间反复记忆，不仅会明显提高我们的学习效率，还能培养我们分秒必争的好习惯。

不得不说，现代社会中的人都有很大的压力，除了工作还要学习、生活，由我们自己自由支配的大块时间很少，因此，赢得时间就十分重要了。

也许现在你已经发现自己每天有很多时间流失掉了，如等车、排队、走路、搭车等，这些时间其实可以用来背单词、打电话、回邮件等。每个人一天的时间都一样，但是善于利用零碎时间的人，就能得到更多的益处。具体来说，把零碎时间充分利用起来，需要我们做到以下几点。

1.善于利用等待的时间

我们每天都会有这样一些时间是处在等待中的，如等车、排队等。等待让人觉得很无聊，如果你拿出平常准备的问题本，进行回忆和思考，那么，等待的时间就被利用起来了。

2.善于利用走路或坐车的时间

不少人上班都是乘坐公交车，这段时间，你可以思考一些工作中遇到的问题，也可以听一些英文单词，关键是要有问题意识和善于思考的习惯。

3.善于利用睡觉前的时间

你可能也发现，当你躺上床之后，进入睡眠状态还需要一段时间，此时，你可以将一天的工作、学习情况在大脑中过一遍，起到回忆和思考的作用。

不得不说，人的心理是微妙的，如果我们认为剩下的时间充足的话，注意力就会下降，效率也随之降低；一旦知道必须在单位时间内完成某事，就会自觉努力，从而使效率大幅提高。如果坚持每天读10页文章，哪怕坚持读1页，一年就是365页，十年即3 650页呢；但是如果你每天落后别人半步，一年后就是183步，十年后即108 000步啊！可以说，人的潜力是很大的，善于利用零碎时间，通常不会影响身心健康，但却可以有效地提高做事效率，何乐而不为呢？

别在无意义的细节上浪费时间

生活中，我们经常听到身边的人说："做人，别指望所有人都会喜欢你。"其实，这句话也可以运用到我们的时间管理中，也就是说，要真正充分利用时间，我们就不要试图把每件事的细枝末节都做到完美。时间是有限的资源，你选择了做某件事情，就隐含了你放弃做别的事情。"做别的事情"就是你的"机会成本"。所以，我们做事情的标准，不是"某件事有没有意义"，而是"某件事是不是最有意义"。

琴琴是某家公司新聘请的文员，她一直是个追求完美的人。无论上司交给她什么任务，她都努力做好。

有一天，她的女上司说："这份资料是急着用的，你把它分成两份，各打200份。"

于是，她开始了自己的工作，而在打印中，她发现，文件中居然有很多错别字，于是，她耐心地把这些错别字改正了，她原以为上司会夸奖她，但事实上，她却因为没按时把资料交上而挨了上司的骂。最重要的是，那些在她看来是问题的错别字，其实是公司的一些专业术语，改过后自然也改变了公司的原本意思，为此，她闹了不少的笑话……

看完这个故事，你想到什么呢？琴琴为什么会闹出这样的笑话？因为她没有抓住主次，在次要的细节上花费了过多的时间和精力。

真正懂得如何利用时间的高手，一定是懂得如何舍弃的人。被我们羡慕的那些成功者其实都不是神通广大的人，他们也不可能做到"一心几用"。那么，我们该如何管理时间呢？最需要掌握的一个原则是：确保自己永远在做最重要的事情。

确保自己一直都在做最重要的事情，实际上也就是确保自己的时间一直都在被高效地利用。对此，有以下几条建议。

1.记录时间损耗

要提高管理者的效率，第一步就是记录其时间耗用的实际情形。事实上，许多高效的管理者都有一份时间记录，会每月定期拿出来检讨。至少，高效的管理者会以连续三四个星期为一个时段，每天记录，一年内记录两三个时段。有了时间耗用的记录样本，他们便能自行检讨了。

2.要专注，也就是说"一次仅做一件事"

现代社会，人们越来越忙碌。尤其是那些高层领导者，其忙碌的情况简直不可思议。除了众多的出差外，就是数不清的会议，工作负担越来越重，但结果却都是毫无贡献的居多。当然真正有生产力的也有，只是寥寥无几而已。其实，仔细分析原因，我们发现，他们同时专注的事情太多了，什么都想做，什么都想管，结果什么都做不好。因此，你若要想提高工作效率，就应该从本质上消除"兼顾"的想法，一次仅做一件任务。

3.培养自己严谨的做事习惯，减少拘泥于小事的时间

不难发现，如果一个人连自己的房间都一团糟，鞋子东一只、西一只，那么，他必定也是个做事丢三落四、凭兴之所至，观察没有顺序、思维缺乏条理的人。因此，你需要从生活中的小事做起，不断培养自己良好的生活习惯，减少自己的马虎、粗

心。常用方法是：整理自己的衣橱、抽屉和房间，培养自己仔细、有条理的习惯；安排自己的课余时间和复习进度表，培养有计划、有顺序的习惯。天长日久，你就会变得思维严谨起来，做事有规划，自然也就不会把过多时间耗费在细节上了。

4.学会舍弃一些不必做的事

将时间记录拿出来，逐项逐项地问："这件事如果不做，会有什么后果？"如果认为"不会有任何影响"，那么这件事便该立刻取消。

然而许多大忙人天天在做一些他们觉得难以割舍的事，如应邀讲演、参加宴会、担任委员和列席指导之类，不知占去了他们多少时间。其实，对付这类事情，只要审视一下这件事对于组织有无贡献，对于他本人有无贡献，或是对于对方的组织有无贡献。如果都没有，完全可以谢绝。我们做任何一件事，都不可能做到面面俱到，也不可能将所有事都做好，如果你太过追求完美，那么，你一定会精疲力竭。

无法延长时间，但可以追求效率

生活中，我们总能听到一些人为自己的行为找借口：约会迟到了，会有路上堵车、手表停了的借口；考试成绩不理想，会有试题太难、身体不舒服的借口；只要细心去找，借口总会有的。他们总是不想方设法地去提高做事效率，而是把大量的时间和精力放在如何寻找一个更合适的借口上。那么，你有这样的弊病吗？如果你细心一点，你会发现，大凡成功的人都有个共同的特点，那就是他们总是少说话、多做事，做事效率很高，也就是他们具有很强的执行力。一个人缺乏服从执行力，就不会有高效率，就会赶不上竞争对手，被淘汰出局。

俗话说："七分努力，三分机遇。"但偏偏有些人累死累活地干了一辈子，也不能出人头地。他们之中不乏有人有精湛的技术、很强的个人能力，但他们往往缺少执行力。

从前，有两个和尚，分别在两个不同的寺庙修行，而这两个寺庙坐落在相邻的两座山上。这两个和尚每天早上都会见上一面。因为，在两山之间有一条小溪，这两个和尚都会来挑水。

时间过得真快，眨眼间，这两个和尚都在各自的寺庙修行了5年，他们也挑了5年的水。突然有一天，左边这座山的和尚没有下山挑水，又过了一个星期，他还是没有下山挑水。右边这座山的和尚心想："我的朋友怎么了，为什么不来挑水了？难道是生病了。我要过去探望他，看看能帮他做点什么。"

很快，右边这座山的和尚来到他朋友的寺庙，但令他奇怪的是，他的朋友根本没生病，而是神采奕奕地在打太极拳。他好奇地问："你已经一个月没有下山挑水了，难道你们不喝水吗?"左边这座山的和尚说:"来来来,我带你去看看。"随即便带着右边那座山的和尚走到了庙的后院,指着一口井说:"这5年来,我每天挑完水、做完分内的工作后,都会抽空挖这口井。即使有时很忙,也能挖多少算多少。最后终于挖出了水。从那以后,我就不必再下山挑水了,也就可以有更多时间钻研喜爱的太极拳了。"这个懂得挖井的和尚,就是个智者,他不仅挖出了井,让自己不用再费力挑水,还能抽出时间钻研自己喜爱的太极拳。

这个故事同样告诉生活中的我们,高效率地做事,就必须学会立即执行,而不是找借口拖延。

那么,生活中的你该怎样高效地做事呢?你需要做到以下几点。

1.有一个明确的目标

有些人没有目标,整天糊涂度日,一生忙碌,但到头来一事无成,默默终生。人生不在于时间的长短,而在于质量的高低,如果你不甘平庸,就从现在开始,为自己制定一个明确的目标,并为之努力吧!

也就是说,我们每个人都要为自己树立一个华丽的梦想,那么,无论你再辛苦,你也会感觉到快乐。

在你最忙碌、感到疲惫的时候,你不妨看看周围的人,即使做着同样的工作、看似差不多的生活,但在5年、10年乃至更短的时间，大家的命运都有可能完全不同，因为在每个普通的外表下，都有可能隐藏着不同的梦想，人生因梦想而变得闪闪发光。为梦想而工作，即使顶着压力，背负辛苦，你也会感到快乐。

2.制订切实可行的计划，逐步达到目标

你若想成功，就要做到：一旦有了目标，就围绕目标，想方设法，积极行动，为早日实现自己的目标而奋斗不已。

3.要有紧迫感

社会发展到现在，闲暇在每个人的生命中已经成为举足轻重、仅次于生活必需时间的第二大时间段。一个人要想有所成就，就应当重视合理地安排时间，最大限度地提高时间的利用率。在成功的诸多因素中，天资、机遇、健康等都重要，但把所有有利条件发挥出来的决定性因素，是利用好每一分、每一秒的时间。

总之，人生苦短，只有区区数十年光阴，在这有限的时间内，如何使自己的人生走向辉煌呢？我们无法延长时间，但我们可以追求效率。

时间管理，就是利用好每一分钟

我们都知道，时间是生命的构成部分，任何一个人都没有太多的时间可以挥霍。可能你认为自己还处于人生刚刚开始的阶段，但你同样要利用好每一分钟的时间，不要等到逐渐老去的时候，才慨叹浪费了生命。

的确，如果我们浪费时间，工作和生活总是被那些琐碎的、毫无意义的事情所占据，那么我们就没有精力去做真正重要的事情了。世界上有很多人埋头苦干，却成就一般，如果他们充分利用了自己的时间和精力，绝对可以做出更有价值的事情来。

有人曾说："今天为一分钟而笑的人，明天将为一秒钟而哭。"任何一个现代人尤其是拖延者，必须开始学会做珍惜时间的人。

历数古今中外一切有大建树者，无一不惜时如金。古书《淮南子》有云："圣人不贵尺之璧，而重寸之阴。"他们从不抱怨，更从不拖延。因为他们深知，抱怨只会让自己分散注意力，只会让自己的情绪更糟糕，只会更浪费时间。既然抱怨无益于解决问题，还不如抓紧时间，赶紧解决手头上的事。可见，我们任何人，都应该把握好每一分每一秒的时间，那么，现在就勇敢地迈出第一步吧。

1.克服懒惰，选择行动

一个人之所以懒惰，并不是因为能力的不足和信心的缺失，而是因为平时养成了拖延的习惯，以及对事情敷衍塞责的态度。

要珍惜时间，首先就要改变态度，必须以诚实的态度，付出积极和扎实的努力，只有这样，才能真正将每一件事做好。

2.强迫执行，勤奋起来

良好习惯形成的过程，是严格训练、反复强化的结果。可能现在的你每天为生活奔波，生活、工作压得你喘不过气来，你开始抱怨生活、抱怨上司、抱怨家人。而其实，有压力才有动力，压力带给你的不仅是痛苦和沉重，还能激发你的潜能和内在激情，让你的潜能得以开发。如果说，人一生的发展是不易反应的药物，那么压力就是一剂高效的催化剂。它不是鼓励你成功，而是逼迫你成功，让你没有选择不成功的余地。它带给人的，不仅是痛苦，更多的是一种对生命潜能的激发，从而催人更加奋进，最终创造出生命的奇迹。

做好取舍，把时间用在刀刃上

有很多年轻人都以年轻为资本，肆意挥霍宝贵的青春时光，总是说自己还年轻，即使犯了错误也有机会去改正，即使在人生中走了弯路，也可以再重新走过这一段路，或者在后来的行程中珍惜时间，迎头赶上。然而，不努力，不奋斗，你要青春做什么？青春从来不是肆意挥霍和浪费的资本。每个人都要努力面对人生，做好一切该做的事情。如果说这个世界上一定有什么东西对于每个人都是绝对公平的，那就是时光。细心的朋友们会发现，很多时候，时光缓缓地流淌，不因为任何人而加快速度，也不因为任何人而驻足。正是在这样的过程中，每个人都在变得衰老，人生也终将一去不返。此时此刻，也许你还很年轻，但是当有朝一日时光流淌，你已经白发苍苍，还有什么理由说年轻呢？青春的时光是最为宝贵的，在生命的历程中总是转瞬即逝，每一个明智的人都应该努力地抓住时光，争分夺秒地去生活。唯有如此，才能全力以赴做好自己该做的事情，也才能在人生到达暮年的时候无怨无悔，没有遗憾。

古人云："少壮不努力，老大徒伤悲。"这就告诉我们，年轻的时光就是应该用来努力拼搏和奋斗的。如果不能做到在年轻的时候非常努力，那么随着不断成长，青春的时光越来越少，等到了年老的时候，人生就会陷入困顿之中。记得有个谜语："什么东西早晨四条腿，中午两条腿，晚上三条腿。"这个谜语的谜底很简单，就是人。从腿的数量上来看，我们就可以很形象地想到人在一生之中的经历，那么明智的人就会知道，只有两条腿的青春年华才是人生中精力旺盛的时刻。既然如此，为何不能全力以赴经营好青春，也利用青春的好时光给人生奠定坚实的基础呢？如果年轻的时候从来不努力，那么到了人生暮年，人的时间和精力都越来越少，为此哪怕想要努力，只怕再也没有青春时那么旺盛的精力。

看到这里，相信聪明的年轻人一定会想清楚一个道理，那就是要趁着青春时光去努力，这样才能在年老的时候为自己奠定良好的基础，也让自己的人生拥有更多的美好未来和希望。乍一看来，人生似乎是非常漫长的，实际上人生中真正可以用于做事情的时光很少，而能够用于做那些重要事情的时光更是少之又少。任何时候，都不要荒废人生，也不要在人生中感到迷惘。只有全力以赴做好自己该做的事情，只有坚定不移经营好人生，我们才能在成长的道路上不断地崛起，也才能在人生的历程中坚定不移地把握自己，成就自己。

很久以前，有个旅行者独自旅行，走过了很多的地方，见识到了很多的风景。然而，在来到一个深山之中的偏僻村落时，他在村头的树林里发现了奇怪的现象。原来这个树林里有很多矗立着的石块，而在石块上则镌刻着不同的时间。大多数时间都非常短暂，通常只有几年的时间，最长的也就十年出头。旅者很奇怪，为何这些人这么快就死去了呢？看起来，他们还都只是孩子啊。旅者忍不住潸然泪下，这个时候，有一位老人来到旅者的身边，对旅者说："你为什么哭呢？"旅者说："这些孩子都死去了，到底是为什么呢？"老人很纳闷："他们不是在孩子时期就死去的。"旅者说："但是，这些石块上的岁数只有几岁，最大的也不过十几岁。他们都是孩子啊！"老人忍不住笑起来，指着一块石头对旅者说："这块石碑上雕刻着的虽然是11年4个月，但是这个石碑的主人活到了83岁。"

听到老人这么说，旅者更奇怪了："那么，为何雕刻这个时间呢？"老人说："这里刻着的是他们有效率的人生时间，也就是他们有多少时间做了重要的事情，有多少时间做了伟大的事情。"听了老人的解释，旅者恍然大悟：原来，人生百年，真正具有重要意义的人生时光也就不过十几年！

的确，对于每个人来说，人生中有很多的事情都是非常重要的，但是也有大量的事情是没有那么重要的。如何能够提升生命的质量，让自己的人生更加有分量，这对于每个人而言都是值得深思的事情。时光总是流淌的，不因为任何人而驻足。在时间流淌中，我们必须坚定不移地面对自己的心，也要从容不迫地成就自己，唯有如此，才能在人生的道路上不断地向前，也才能收获人生的充实与美好。

在心理学领域，有一个大名鼎鼎的定律，叫"不值得定律"。原来，有心理学家针对人们的工作表现进行研究，发现当人们觉得一项工作很重要，就会对于这项工作非常认真重视，在工作的过程中也会加倍努力和认真。反之，如果人们觉得一项工作不重要，就难免会对这项工作很忽视，也会在从事工作的过程中敷衍了事，根本不会全力以赴。这是因为人们很容易受到潜意识的影响，觉得对于不值得的事情，根本不值得去努力做好，因此他们才会非常懈怠，漫不经心。然而，即便是三心二意地去做，人们还是要在做事情的过程中消耗大量的时间和精力。由此可见，总是要处理这些"不值得"的事情，生命的宝贵时光就会浪费。要想改变这样的状态，最重要的就是改变心态，把不值得的事情变成值得的事情，这样才能让自己变得更加认真慎重，也可以把该做的事情都做得更好。

当然，对于一件事情是否值得，每个人都有不同的标准。例如，很多职场女强人认为把宝贵的时间浪费在做家务事上是不值得的，而有些以家庭为重的女性则会花费好几个小时的时间给孩子做造型可爱的点心、美味可口的饭菜，她们觉得能让孩子吃得健康营养且开心，是非常值得的。所以我们要坚定自己的心，坚持自己对于人生的态度，这样才能坚持本心，做好自己该做的事情。还有一点需要注意的是，每个人都会有很多的欲望，那么就要合理控制自己的欲望，也要懂得做好人生的加减题。毕竟作为一个人，没有足够的时间和精力去面对和做好所有的事情，那么就要做好取舍，把时间用在刀刃上，把时间"浪费"在那些最值得的事情上。这样一来，时光才能在生命中绽放光彩，人生才能变得熠熠闪光。

学会拒绝，把时间用在该做的事情上

现实生活中，有很多人都不懂得拒绝，因此他们在与人相处的过程中经常会陷入困境，不知道如何做才能保护自己的利益，并友好地拒绝他人。最终，他们勉为其难地接受了别人的请求，结果因为无法兑现对他人的承诺，无法切实有效地帮助他人，反而落得他人埋怨。不得不说，这样不懂拒绝，不但没有得到感激反而落得埋怨的事情，是每个人都不想看到，也不愿意遇上的。这样的相处方式，对于人际沟通也没有任何好处。作为明智的人，我们一定要学会拒绝，也要学会珍惜时间和精力，这样才能全力以赴做好自己该做的事情，从容不迫地经营好人生。

伟大的喜剧大师卓别林也曾经说过，一定要学会说不，这样生活才会变得更加美好。每个人在生活中都会遇到很多需要拒绝的情况，不但要鼓起勇气说不，而且要掌握拒绝的艺术和技巧，这样才能在成长的过程中不断地提升自己，从而真正掌握与人相处的技巧和能力。要想改掉不会拒绝的坏习惯，就要弄清楚自己为何不会拒绝，这样才能有的放矢地改变自己，完善自己。

通常情况下，一个人不会拒绝，有以下几种原因。一是不好意思拒绝他人。总是把面子问题看得很重要，对于自己本来没有能力完成的事情，也要打肿脸充胖子，最终却因为不能兑现承诺而导致问题变得更糟糕。二是过分在意他人的看法和评价。总是担心自己一旦拒绝他人，就会遭到他人的否定和批评，也会因此而给他人留下不好的印象。三是不懂得如何表达。很多人在人际沟通中都处于弱势的地位，因为他们不知道如何以语言表达自己的内心，也不知道怎样才能真正提升自己，获得成长。在了解不会拒绝的根本原因之后，我们才要更加全力以赴做好该做的事情，也要努力地提升和完善自己的表达技巧、人际相处能力，从而让自己在与他人相处的过程中学会拒绝，既保护自己的合法利益，也达到了委婉地拒绝他人的目的。

作为公司的新进人员，小雨一直在非常努力地工作，每当其他同事有问题需要帮忙的时候，他也总是不吝惜力气。渐渐地，很多同事有了做不完的工作，或者因为着急下班而没有足够的时间处理好工作时，总是会把工作交给小雨。因此，小雨几乎每天都要延迟两个小时下班，才能完成各项工作。

随着时间的流逝，小雨已经不再是新人，他自己也有很多工作需要完成，也经常需要加班。此时，同事们还是会把各种工作都交给小雨去完成。渐渐地，小雨陷入困境，有的时候要工作到深夜才回家。有一次，小雨因为本职工作没有完成被上司批评，他为自己辩解："我本来是可以完成的，不过刘姐昨天着急回家，就把她的活儿给我了。她说她的活儿要得特别紧，我就先做她的活儿了。"上司不以为然："我不管你是因为什么原因，没有完成工作就是没有完成工作。况且，刘姐的工作为何要交给你完成呢？你自己的工作都没有完成，怎么就有时间为别人完成工作呢？我看再这样下去，你连工作都保不住，更别说当活雷锋了！"在上司的一番批评之下，小雨意识到了问题的所在，他当即对上司表态："您放心，我以后一定不会再当老好人，我要学会拒绝，优先保证完成自己的工作！"然而，同事们都已经习惯了把工作交给小雨，似乎小雨的任务就是帮助他们给工作收尾，因此在被小雨拒绝之后，同事们都对小雨有很大的意见，对小雨也渐渐疏远了。

假如小雨能够从一开始就坚持自己的原则和底线，不随随便便为别人完成工作，那么就不会像后来这样，做了挺长一段时间的老好人，结果在想要拒绝他人的时候，反而变得非常被动，甚至与他人交恶。不得不说，这就是付出了很多时间和精力，却没有得到应有回报的典型事件。不管是在生活中还是在职场上，我们一定要牢牢记住一个道理，那就是坚持自己的原则和底线，不要让工作的界限模糊不清。否则把好事做完，又成为别人心目中的大恶人，这当然是得不偿失的。

拒绝不但是一门学问，也是一门艺术，任何时候，我们都要学会拒绝他人，这样才能让人际关系更加和谐美好。当然，在拒绝他人的时候一定要讲究方式方法，让他人有尊严，才能避免他人受到伤害。要想做到这一点，在拒绝他人的时候就要做到设身处地为他人着想。每个人都是这个世界上独立的生命个体，都有自己的梦想和对于人生的憧憬，因此，每个人都不要误以为自己是别人，一定要尽量理解别人的所思所想。在很多时候，唯有尽量做到设身处地，唯有尽量站到别人的角度上思考问题，才能真正了解他人的苦衷，也才能尽量理解他人的各种辛苦和不容易。

　　任何人际相处，都要建立在沟通的基础之上，也可以说，沟通是人际相处的前提条件，只有在沟通顺畅的前提条件下，人与人之间才能更加友好融洽地相处。既然如此，就不要把沟通看得无关紧要，当你摆正心态对待沟通，当你对于沟通非常认真也足够努力时，你才能用语言来表达自己，也才能以此来战胜自己心底的怯懦。

第四章

脚踏实地，稳步到达理想的彼岸

做好平凡小事，成就不平凡人生

现实社会需要脚踏实地，踏踏实实做事的人。如果你是一个年轻人，一无工作经验，二无真材实料，三无人脉，但是总想着一鸣惊人，那么注定就要遭遇挫折。可是现在的很多年轻人做事都比较浮躁，好高骛远，不肯从最基本的小事做起，总想着遇到一个绝好的机会，能够成就一番大事业，于是一次一次与可能成就自我的机遇擦肩而过。

现实需要人们脚踏实地。人有抱负是好事，但是如果不屑于从身边的小事做起，你就永远不会做大事，也做不成大事。事实上有很多企业都特别重视年轻人做小事的态度，一个认为自己从事的工作是重要的，踏踏实实去做好自己工作中的一切细节的人才值得托付更重要的工作。

福特汽车公司的创办人亨利·福特在发迹以前曾有这样一件轶事。那时候他刚刚大学毕业，去一家汽车公司应聘，和他一起应聘的三四个人都比他学历高，他觉得自己希望不大。轮到他的时候，他敲门走进了办公室，但突兀的是办公室门口地上有一张纸，于是他弯腰捡了起来，发现是一张垃圾纸，便顺手把它扔进废纸篓里。他来到董事长的办公桌前，自我介绍了一下。董事长说："很好，很好！福特先生，你已被我们录用了。"福特惊讶地问他原因，董事长说："福特先生，前面三位的确学历比你高，且仪表堂堂，但是他们的眼睛只能看见大事，而看不见小事。你的眼睛能看见小事，我认为能看见小事的人，将来自然能看到大事，一个只能看见大事的人，却会忽略很多小事，他是不会成功的。所以，我才录用你。"

董事长的预言没有错，凭着踏实肯干的精神和注重一切小事细节的习惯，福特日后创办了以自己名字命名的美国福特汽车公司。

"一屋不扫，何以扫天下"，年轻人没有经验和资历，不可能有人冒着风险把自己事业的赌注押在一个年轻人身上。再者，就算有人欣赏你、看重你，把重任托付给你，你所做的事情也必定是平凡，甚至是琐碎的。

我曾看过这样一段话："要想成为伟大的人，要选择伟大的时机、伟大的伙伴，但是具体事情要非常庸俗地按规矩操作。所谓创造历史，就是在伟大的时刻、伟大的地点和一群伟大的人做一件庸俗的事。"所以说具体到做事上，永远是平凡琐碎的小事、按规矩操作的庸俗。再伟大的事业，都是这样完成的。万里长征伟大吧，其实说白了，就是每天走一段路，如果你觉得走路太平凡不屑于去做，那你就错过了长征。

俗事往往就是这样，看起来很平凡的一件事，千遍万遍地完美重复，就变成了伟大。年轻人总喜欢幻想做大事业是怎样一番局面，但其实大事业也和你的职业一样无趣和琐碎，一定要按规则操作，并不像你想象的那样惊天动地。妄想一鸣惊人是不可取的，对于未来事业的过度幻想更是一个人浮躁的根源。

年轻人好高骛远，往往是被自己崇高的理想误导了，觉得自己有多么大的志向，一定要做成怎样经天纬地的大事业，一定要每天轰轰烈烈地做事。其实世界上没有那么多精彩的事情，所谓的精彩常常是回想起来觉得多了不起，实际操作的时候只会感到琐碎和无聊，但是只有这样的坚持才能帮助你成就了不起的人生。

年轻人不要好高骛远，当你把目标定好以后，就要实实在在地一步一步按部就班地去实现它。如果你浮躁，如果你不顾自己的实际情况，妄想一步登天，那么你注定会跌得很惨。成熟的人懂得用理智的眼光来看待平凡的小事，懂得想要成就伟大的自己就必须把自己的基数变小，用时间为自己创造复利价值，就像在棋盘上放米一样，在第一格棋盘上放上一粒米，第二格放上两粒米，然后用指数增长形势积累自己，最终你将不可限量。

成功者善于创造机会

卡内基曾经说:"只要你向前走,不必怕什么,你就能发现自己,成功一定是你的!"一个有积极态度的人,不会只停留在已有的条件或成绩上,他总是不停地开拓、不停地创造。世界是变化的,社会是发展的,因而不能被动地守着原有的东西,而应该主动地适应这种变化,不断地创新,不断地前进。谁有这种主动创新的积极态度,谁就能不断地排除困难,不断地获得成功。

犹豫不决的年轻人总是想"现在""明天""将来"之类的字眼,其实这些字眼与"永远不可能做到"的意义是相同的。如果你想成功,那就现在去做。立刻开始工作,态度要主动积极,要自告奋勇去改善现状。要主动承担义务工作,向大家证明你有成功的能力与雄心。

有了目标,没有行动,一切都会与原来的目标背道而驰。有了积极的人生态度,没有立即行动,一切都极有可能转向成功的反面。所以说,主动是一切成功的创造者。赫胥黎有一句名言:"人生伟业的建立,不在能知,乃在能行。"并且孜孜不倦地强调"行"乃是扭转人生最有力的武器。

钢铁大王安德鲁·卡内基,19岁的时候在宾夕法尼亚铁路公司做电报员,一次偶然的机会,卡内基处理了一个意外事件，从而得到了提升。

当时的铁路是单线的，管理系统尚处于初期阶段，用电报发指令只是一种应急手段，有很大的风险，只有主管才有权力用电报给列车发指令。当时卡内基的主管斯考特先生经常得在晚上去故障或事故现场指挥疏通铁路路线，因此许多时候他都无法按时来办公室。

一天上午，卡内基到办公室后，得知东部发生了一起严重事故，耽误了向西开的客车，而向东的客车则是信号员一段一段地引领前进，两个方向的货车都停了。到处都找不到斯考特先生，卡内基终于忍不住了，发出了"行车指令"。他知道，一旦他指令错误，就意味着解雇和耻辱，也许还有刑事处罚。

卡内基在《自传》中写道："然而我能让一切都运转起来，我知道我行。平时我在记录斯考特先生的命令时，不都干过吗？我知道要做什么，我开始做了。我用他的名义发出指令，将每一列车都发了出去。我特别小心，坐在机器旁关注每一个信号，把列车从一个站调到另一个站。当斯考特先生到达办公室时，一切都已顺利运转了。他已经听说列车延误的事情，第一句话就是：'事情怎样了？'"

当斯考特先生详细检查情况后，从那天起他就很少亲自给列车发指令了。不久公司总裁汤姆逊先生来视察，见到卡内基便叫出了他的名字，原来总裁已经听说了他那次指挥列车的冒险事迹。

不同的行动会导致不同的结果,从结果中又可带出新的行动,把我们带向特定的方向,最后就决定了我们的人生。这就是少数人能从芸芸众生中脱颖而出的原因,他们不但有行动,并且有不同于一般人的主动。不要再只是被动地等待别人告诉你应该做什么,而是应该主动去了解自己要做什么,并且规划它们,然后全力以赴地去完成。想想今天世界上最成功的那些人,有几个是唯唯诺诺、等人吩咐的人?

其实,在主动进取的人面前,机会是完全可以"创造"的。中国石油战线的"铁人"王进喜有一句名言:"有条件要上,没有条件创造条件也要上。"创造条件就是创造机会。如果你想要成就某个事业而又不具备相应的条件,你就没有机会,而当你通过努力使自己具备了这些条件,就为自己创造了机会。努力提高自身的能力和水平,增强自身的优势,就会使自己遇到更多的机会,对于一个人和一个企业都是如此。

我国著名导演张艺谋在成为大导演之前可谓历经坎坷曲折,但他以进攻的姿态为自己创造了一次次机遇。1978年,北京电影学院恢复招生,按他的家庭情况他是难过政审关的。但他用自己几年来的摄影作品"开路",给素昧平生的文化部长黄镇写了一封恳切真诚的信,并附上自己的作品。颇通艺术的部长有强烈的爱才之心，派秘书去电影学院力荐张艺谋，张艺谋终于被破格录取。

尽管在校表现优秀，但命运仍然对他不公，毕业后他被分配到广西电影制片厂。但他并没有因处境不佳而自我埋没。厂小、人少、设备差、技术力量薄弱，是这里的不利因素。但这里也有大厂所不具备的条件，那就是科班毕业生少，名导演、名摄影师少，因而论资排辈的做法不像大厂那么突出。张艺谋主动请缨，挑起大梁，以卓越的摄影才能，一炮打响，荣获"中国电影优秀摄影奖"。

做个主动的人，要勇于实践，做个真正做事的人，不要做个不做事的人。创意本身不能带来成功，只有付诸行动时创意才有价值。用行动来克服恐惧，同时增强你的自信。怕什么就去做什么，你的恐惧自然会立刻消失。要有自己推动自己的精神，不要坐等他人来推动你去做事。主动一点，自然会精神百倍。

许多人被成功拒之门外，并不是成功遥不可及，而是他们不能发现自己，主动放弃，认定自己不会成功。事实上，只要你每天限定自己要超越自我一些，成功便会出现在你眼前。要获得卓越成就，你就应该主动追求。思想积极了，你才会摒弃懒散的习性。你必须让潜意识充满积极的想法，无论任何状况，你都要超越自我。

莎士比亚曾说："聪明人会抓住每一次机会，更聪明的人会不断创造新机会。"年轻人对待机会要采取主动的态度，甚至要用我们的行动增加机会出现的可能性。著名剧作家萧伯纳说过一句非常富有哲理的话："征服世界的将是这样一些人：开始的时候，他们试图找到梦想中的东西。最终，当他们无法找到的时候，就亲手创造了它。"真正的成功者不但要善于把握机会，更要善于创造机会。

摒弃借口，培养进取精神

生活中，我们常说："知足常乐。"人之所以不快乐，就是不知足。实际上，人类自身的需求是很低的，远远低于欲望。房子再怎么大，也只能住一间；衣服再昂贵，身上也只能穿一套；汽车再多，也只能开一辆在街上跑。能够认清这一点，我们就能够活得更加从容一点、豁达一点。我们生活中的一些人却曲解了"知足"的真正含义，我们倡导在物质生活上知足，倡导追求精神层次的享受，然而，这并不意味着我们应该安于现状、不思进取。

是啊，生命是一个过程。怎么享受生命这个过程呢？把注意力放在积极的事情上。懂得享受人生的人是淡定的，但他们绝不是看破红尘、不思进取，这是经过岁月磨砺后的沉稳含蓄，看淡世俗名利。

有一个年轻人看破红尘了，每天什么都不干，就是懒洋洋地坐在树底下晒太阳。有一个智者问他："年轻人，这么大好的时光，你怎么不去赚钱？"年轻人说："没意思，赚了钱还得花。"智者又问："你怎么不结婚？"年轻人说："没意思，弄不好还得离婚。"智者说："你怎么不交朋友？"年轻人说："没意思，交了朋友弄不好会反目成仇。"智者给年轻人一根绳子说："干脆你上吊吧，反正也得死，还不如现在死了算了。"年轻人说："我不想死。"智者于是说："生命是一个过程，不是一个结果。"年轻人幡然醒悟。

这就叫"一句话点醒梦中人"。然而，我们生活的周围，有些人为了彰显自己超然于物外，宁愿独处，不交朋友，甚至逃避社会竞争，他们"自我中心"且"被动"，等着别人先关心自己。事实上，久而久之，他们便真的失去了与人竞争的能力，失去了朋友，内心世界也真的孤独了。其实，在喧嚣的人世间，我们要保持内心的宁静，坚定自己的信念，而不是给自己找借口逃避，因此，从现在起，不妨大胆地走出自我限定的世界。

石油大王洛克菲勒曾说："与其生活在既不胜利也不失败的黯淡阴郁的心情里，成为既不知欢乐也不知悲伤的懦夫，倒不如不惜失败，大胆地向目标挑战！"他这句话是要鼓励我们勇敢改变安稳的现状、敢于冒险。事实上，洛克菲勒本人就是个野心勃勃的人。

1870年，标准石油公司成立，洛克菲勒任总裁，该公司资产100万美元。洛克菲勒放言："总有一天，所有的炼油和制桶业务都要归标准石油公司。"公司主要负责人不领工资，只从股票升值和红利部分中提成。"不领工资只分红"这个制度创新甚至还影响着现在的美国企业。洛克菲勒坚信："一个人往往进入只有一件事可做的局面，并无供选择的余地。他想逃，可是无路可逃。因此他只有顺着眼前唯一的道路朝前走，而人们称它为勇气。"

的确，人生的旅途中，不敢冒险的人、不敢真正跨出第一步的人最终只能使自己在给自己限定的舞台越来越渺小。没有舞台的演员就像被缴械的军人，被剥夺了笔的画家，成功离他就越来越远。

因此，生活中的人们，摒弃知足常乐的借口，培养自己进取和冒险的精神吧。

1.克服恐惧

做曾经不敢做的事，本身就是克服恐惧的过程。如果你退缩、不敢尝试，那么，下次你还是不敢，你永远都做不成。只要你下定决心、勇于尝试，那么，你就已经进步了。在不远的将来，即使你会遇到很多困难，但你的勇气一定会帮你获得成功。

2.为自己拟订一份"战书"

向自己不敢做的事"下战书"就是拿过去不敢做的事、曾经畏惧的事情"开刀",克服自己的心理恐惧,扫除心里的"精神垃圾",树立信心。

也许你还有很多过去不敢做的事,那就列个困难清单逐个给它们下"战书"吧,只要做到每天有突破、有进步,总有一天你会把所有的"不敢做"都变成"不,敢做",那么胆小怯懦的"旧你"就成为自信勇敢的"新你"了,成功就会向你招手。

其实人的一生就是一场冒险,走得最远的人是那些愿意去做、愿意去冒险的人。我们每个人都要相信自己能成功,要鼓起勇气,尝试第一步,这才是真正的勇者。

别放慢自己前进的步伐

我们都知道,现代社会对人才的要求越来越高。任何一个人,都必须有不断学习和不断进步的意识,即使你已经小有成就,也不能骄傲自满。而应该在心中告诉自己,这次还不是最棒的,还有下一次,下一次一定会做得更好!

其实,那些成功者之所以优秀,也就是因为他们能做到不断超越,从不自满。

列夫·托尔斯泰说:"一个人就好像是一个分数,他的实际才能好比分子,而他对自己的估价好比分母,分母越大,则分数的值越小。"现代社会,任何一个人都应该认识到自身知识的局限,才能认识到学无止境的含义,才能放开眼界,不断地吸收新的知识。

球王贝利不知踢进过多少个好球。他那超凡的球技不仅令千千万万的球迷心醉,而且常常使场上的对手拍手叫绝。有人问贝利:"你哪个球踢得最好?"

贝利回答说:"下一个。"

当球王贝利创造进球满一千的纪录后,有人问他:"你对这些球中的哪一个最满意?"

贝利意味深长地回答说:"第一千零一个。"

没有最好,只有更好。不要放慢自己前进的步伐,因为我们永远是在逆水行舟,不进则退。的确,无论做什么,都要不断进取。这样,在今后的求学和人生道路上,你才能处处做到最好。

进取心塑造了一个人的灵魂。我们每个人所能达到的人生高度,无不始于一种内心的状态。当我们渴望有所成就的时候才会冲破限制我们的种种束缚。进取是没有止境的,我们永远不要满足于已经得到的,而是要不断地开拓新的领域。进取心是人类智慧的源泉,它是威力最强大的引擎,是决定我们成就的标杆，是生命的活力之源。

因此，在成功的道路上要有永不满足的心态。一个阶段的成功要更好地推动下一个阶段的成功。每当实现了一个近期目标，绝不要自满，而应该挑战新的目标，争取新的成功。要把原来的成功当成新的成功的起点，这样才会永远有新的目标，才能不断攀登新的高峰，才能享受到成功者无穷无尽的乐趣。

脚踏实地，活出精彩人生

生活中，我们总是被告诫："别想一下就造出大海，必须先由小河川开始。"世界上没有一步登天的奇迹。所以年轻人必须恪守"脚踏实地"的原则，做任何事情都要循序渐进。如果想获得成功，就必须从一件小事做起，哪怕是一件微不足道的小事。根据大量投资经历可以得出：用投机取巧的方法来获得成功，那是永远不可取的。可能你在短时期内能获得一两次的成功，但是不可能获得长久的成功。年轻人需要通过慢慢添加一砖一瓦，踏踏实实地坚守自己的位置，最后才能建造出属于自己的美丽城堡。

人就应该从基础做起，认真完成每一项工作。通过认真工作来磨炼自己的情操，从来不好高骛远，而是坚守脚踏实地的工作态度，这样才能逐渐地积累自己丰富的阅历和宝贵的工作经验，而这对于以后从事更富有挑战性的工作是一个准备。当他们最后面对比较复杂的工作的时候，依然能够胸有成竹地去完成它。"工作无大小"，任何一件工作都需要我们去认真对待。只有当你用心去面对一切的时候，才能够做到认真处理每一件事情，这样才能为自己积累更多的经验。

没有人可以不行动就收获成功，真正的喜悦也是来自实践。心理学家认为，当人们尝试着估计自己能从未来的经历中获得多大的乐趣时，他们已经错了。人生只有经历过，才能品味出真实的味道，也只有脚踏实地地工作生活，才能活出自己。

我们先来看一个年轻人的故事：

小陈是某名牌大学的经济系高才生，毕业前，他的梦想是考上国家公务员，如果不行，就考省里的，还不行，就考市里的。这是他人生规划的一部分，他的梦想是在城里买个大房子，把父母接过来，然后在城里安家立业。然而，很多时候，现实与人的愿望就是相差甚远。小陈没有通过任何一级的考试，小陈一度认为自己的人生就这么完了。

后来，小陈终于想通了，考不上公务员就去做别的，总有一条生存的路。于是，他开始找工作。他是个有抱负的人，他心想自己是个名牌大学的毕业生，能力也不比别人差，因此，一定要做出一番事业。终于,他投出的简历得到了回应。面试时,由于学历不错,长相谈吐也都大方自然,一些私企有意向录用他当文员或者秘书。"办公室里好多人的学历不如我,能力也不如我,我觉得我在这里是大材小用了。"所以,辗转了好几个类似的工作,他就是做不长。

就在他不知道何去何从的时候,他的表哥请他去家里坐坐。"他连小学都没毕业,如今却开着名车,还娶了漂亮的城里媳妇。"小陈心里很不是滋味。

表哥告诉他:"其实,你应该感到幸福,你想想我,没有学历,没有背景,而你呢,有这么多人疼着你,还供你上了大学,长得一表人才,前途光明着呢,别丧气啊!人有时候就不能太较劲了,不能急于求成,也不能把自己太当回事儿了。苦你得吃得,气你得受得。你哥我不就是盘子端过、碗洗过、被人骂过,一步一个脚印,脚踏实地走,才有了今天。"表哥的经历让小陈彻底明白了一个道理:要想成功,起点固然重要,但脚踏实地的努力更重要。

现在的小陈已经大学毕业两年了,他最终于明白了一个道理:找不到理想的工作,与其自暴自弃、怨天尤人,还不如踏踏实实,在一个自认为还有着足够兴趣的岗位上一步一个脚印地走。于是,小陈沉下心来,在省城一家四星级酒店找了一份工作,现在他已经是前台经理了。

生活中，可能有很多人都和小陈有着相同的经历，满腔热血却被现实浇灭。其实，问题在自身，与其打着灯笼满世界找满意的工作，不如踏实下来，勤奋工作。要知道，没有伟大的意志力，就不可能有雄才大略。可能目前这份工作让你感到很沮丧，你觉得前途渺茫，但你真的做到了勤恳工作吗？既然没有，那么，何不尝试一下呢？努力工作，你会发现，成长始终伴你左右！同样，你也应该深知，要想实现梦想别无他法，只有脚踏实地。

如果你每天把大把的时间都花在了展望自己的未来上，而不制订实现梦想的计划，那么，你的梦想最终也只会是空想。

李大钊曾经说过："凡事都要脚踏实地地去做，不驰于空想，不骛于虚声，而惟以求真的态度作踏实的功夫。以此态度求学，则真理可明。以此态度做事，则功业可就。"

其实，生活中，成功者往往是那些做"傻"事的笨人，输得最惨的则是那些聪明人，那些笨人深知自己不够聪明，所以他们努力学习、埋头苦干，最终他们如愿以偿了。而聪明人做事时则不肯下力气，总想着耍小聪明、投机取巧，因此往往输得很惨，所以智慧和实干比起来，实干更加不可或缺。

坚持到最后，才能成为成功者

生活中，我们常被告诫说："罗马不是一天建成的。"而成功者也正是坚信这样的道理，才能够最终赢得成功。中国也有句相似的格言"千里之行始于足下"。它们所表达的是同一个意思。我们在面对任何一件事情的时候，都要脚踏实地，才能做到循序渐进，才能获得最后的成功。正可谓"一屋不扫，何以扫天下"。凡成大事者需要从小事做起，踏踏实实地做好生活中的每一件事，小事做多了就成大事了。

要想获取成功，就得有坚强的心力和耐性。艾森豪威尔说："在这个世界，没有什么比'坚持'对成功的意义更大。"

然而，我们不得不承认的是，浮躁的现象在现今社会尤其是年轻人中普遍存在，具体表现在：事情才刚刚做到一半，他们就觉得已经大功告成了，便开始松懈起来。急功近利，只讲速度，不讲质量，看不起眼前的小事，认为做它没有什么意义。他们的兴趣没有被提升起来，挑战自己和别人的欲望也被压抑着。

生活中，一些人迫不及待地想要获得成功，总是不能够脚踏实地，而是心浮气躁。毋庸置疑，每个人都应该仰慕成功、追求成功，就像一位名人说的，不想当将军的士兵不是好士兵。人生恰如战场，虽然你想当将军，但是首先必须在枪林弹雨中涅槃，经历战火的洗礼。没有一个将军是从天而降的，没有浴火奋战过的将军不是好将军。同样的道理，侥幸获得成功的人未必能够拥有成功的人生，只有在失败面前百折不挠、从不气馁，才能成为真正的强者，才能拥有成功的人生。

事实上，现实的生活对每个人都是一场综合的考验，不会对谁网开一面。在中国，先贤们也曾给过我们训示：要志存高远，坚信"王侯将相，宁有种乎"；要踏实奋进，懂得"一屋不扫，何以扫天下"的道理。踏实做事、本色做人，那么我们每个人在社会的浪潮中都能很容易地找到自己的位置，并更加顺利地践行自己的理想。为此，当理想和现实交织在一起的时候，我们应该能把握二者的关系了。

因此，我们每个人都要有踏实肯干的精神，从现在起，无论是做事还是学习，我们都要做到不腻烦、不焦躁，埋头苦干，不屈服于任何困难，坚持不懈。只要我们坚持这样做，就能造就优秀的人格，就会让我们的人生开出美丽的鲜花，结出丰硕的果实。

正确的方法比执着的态度更重要

人活于世，仅仅知道要做什么是不够的，因为人的命运取决于做事的结果，而结果取决于做事的方法。做事持之以恒，有毅力，肯努力，这固然是值得称赞的。然而，方法比努力更重要。抓不住事情的关键所在，只知道埋头干事的人，最后只能白费气力。对于现实中的人来说，在学习和工作中，努力是好事情，但是光努力是不够的，还要多动脑、多思考，这样才能真正做出成绩。我们要善于观察、学习和总结，仅仅靠一味地苦干，只埋头拉车而不抬头看路，结果常常是原地踏步，明天将仍旧重复昨天和今天的故事。

一家建筑公司在为一栋新楼安装电线。在一个地方，他们要把电线穿过一条20米长、但直径只有3厘米的管道，而管道砌在砖石里，并且拐了五个弯。对此，他们感到束手无策。

后来，一位爱动脑筋的装修工想出了一个非常新颖的主意：他到市场上买来两只白鼠，一公一母。然后，他把一根电线绑在公鼠身上，并把它放在管子的一端。另一名工作人员则把那只母鼠放到管子的另一端，并轻轻地捏它，让它发出吱吱的叫声。公鼠听到母鼠的叫声，便沿着管子跑去找它。公鼠沿着管子跑，身后的那根电线也被拖着跑。因此，人们很容易地把两根电线连在了一起。就这样，穿电线的难题顺利得到解决。这位爱动脑筋的装修工也因此得到了同事们的喜爱和老板的嘉奖。

每一个人都要努力做到用脑去想，用心去做。学会思考，学会发现问题并解决问题，学会认认真真地做好每一件事。聪明地做事，好机会就会来到你的身边。大部分人都专注于他们的欲望，心不在焉地工作，以至于不肯花时间来思考提高效率的方法。缺乏思考能力和做事方法的人，做事往往事倍功半，费力不讨好。

有个人正要将一块木板钉在树上当搁板，贾金斯便走过去管闲事，说要帮他一把。他说："你应该先把木板头子锯好再钉上去。"于是，他找来了锯子，但还没有锯几下又撒手了，说要把锯子磨快些。

于是他又去找锉刀，接着又发现必须先在锉刀上安一个顺手的手柄。于是，他又去灌木丛中寻找小树，可砍树又得先磨快斧头。

想要磨快斧头须将磨石固定好，这又免不了要制作支撑磨石的木条。制作木条少不了木匠用的长凳，可这没有一套齐全的工具是不行的。于是，贾金斯到村里去找他所需要的工具，然而这一走，就再也不见回来了。

无数人的实践经验证明了，单纯地努力工作并不能如预期的那样给自己带来成功，一味地勤劳并不能为自己创造想象中的生活。懂得思考，掌握方法，才是做事最关键的一点。身处竞争激烈的社会中，同样一项工作任务，有的人可以十分轻松地完成，而有的人还没有开始就时不时出现这样或那样的问题。出现这种差异的原因，就在于前者用大脑在工作，想方设法去解决问题。只有在工作中主动想办法解决困难、问题的人，才能成为公司中最受欢迎的人。

在生活中，我们不可能总是一帆风顺的，当遇到难题的时候，不应该一味下蛮力去干，而要多动些脑筋，看看自己努力的方向、做事的方法是不是正确。

从前有一个人，家境非常贫穷，生活困苦，他给国王当了多年的役工，累得瘦弱不堪，国王见了觉得他很可怜，就赏给他一峰死骆驼。这人得到这峰死骆驼，无比激动，想尽快品尝肉的滋味。于是他就动手给它剥皮，可是嫌刀子太钝，到处找磨刀石磨刀，后来在楼上找到一块，于是磨快了刀子，又下楼来剥骆驼皮。

这样反复下楼上楼来回磨刀，他感到实在太疲劳了，于是他就想把骆驼吊上楼去，靠近磨刀石。可不管他怎么努力，由于楼梯太窄，就是不能把骆驼搬运上去。

看完这个故事，有人会讥笑这个役工，认为他头脑愚钝、不懂变通。然而，他不正是生活中许多人的真实写照吗？从小到大，在我们的美德中，努力与坚持都占据重要的位置。我们无一例外地被教导过，做事情要有恒心和毅力，"只要努力再努力，就可以达到目的"。这样的观念根深蒂固地存在于某些人的头脑里。

一个人如果按照这样的准则做事，就会不断地遇到挫折并产生负疚感。由于"不惜代价，坚持到底"这一教条的原因，那些中途放弃的人，经常被认为"半途而废"，那些另寻出路的人，也被称作逃兵。

不掌握正确的做事方法，再努力也是无用功。正确的方法比执着的态度更重要。调整思维，尽可能用简便的方式达到目标，选择用简易的方式做事，这才是聪明人做事的方法。

第五章

努力耕耘，才能收获灿烂的人生

凡事没有最好，只有更好

对于每一个职场人士而言，追求的道路是永无止境的。在工作上，我们的表现可以更加优秀，我们取得的成就可以更大，我们只有不断地更上一层楼，不断超越和挑战自我，最终才能达到人生的巅峰。那么，人在职场，何时才能停下来休息呢？短暂的休息、调养生息当然随时都可以，这完全取决于我们自身的安排。但是，彻底的休息，永远不可能到来。现代职场竞争如此激烈，每个人都像逆水行舟，不进则退，哪怕是短暂休息，也要观察好时机，这样才能避免落后。如果你想在职场上出类拔萃，就千万不要自高自大、自以为是，更不要故步自封。

在这个世界上，没有绝对的完美，这一来告诉我们不要钻牛角尖，从另一个角度也提醒我们，凡事没有最好，只有更好。由此一来，我们进步的空间永远存在。我们如何才能做得比别人更好呢？这就要求我们在面对人生的每一道选择题时，都能理智思考，做出更加明智的选择。尤其是对于生活的态度，你可以选择百尺竿头更进一步，也可以选择当一天和尚撞一天钟，得过且过。你选择哪种生活的态度，就决定了你的生活方式，也就决定了你一生的状态。

虽然任何事情都没有绝对的完美，我们却应该不遗余力地努力追求做到更好。我们不能因为完美不存在就彻底放弃努力，而是要竭尽全力更接近完美，这样才能距离我们的梦想越来越近。在坚持不懈提升和完善自我的过程中，你会发现更多的机会，也才能抓住更多的机会，这就是最大的收获。当我们羡慕成功者身上笼罩的光环时，我们更应该看到他们在背后付出的不懈努力。没有人能够一蹴而就获得成功，每个人的成功都建立在不断努力、奋斗进取之上。

大学毕业之后，丝丝和旭旭结伴来到一家五星级大酒店面试，都被选中了。然而，报到之后，丝丝才发现，旭旭被分到前台做接待工作，自己却被分到洗手间负责打扫卫生。对此，丝丝很难接受，因而找到主管大喊大叫地提出抗议："我和旭旭是同一所学校的，凭什么我不能去前台工作，而要去洗手间打扫卫生呢？况且，我可是大学毕业啊，我难道只配当个清洁工吗？"对于丝丝的抗议，主管不以为然："如果你不愿意打扫洗手间，我们也不会强迫你，你可以继续寻找适合自己的工作。"在当时，找一份合适的工作实在是太难了，有很多大学生都在待业，因而主管根本不愁找不到人顶替丝丝的工作。

丝丝始终咽不下这口恶气，一直和主管争论不休。这时，旭旭主动提出："这样吧，主管，你让丝丝留在前台，我去打扫洗手间。"就这样,旭旭帮助主管解决了难题,主管如释重负。作为一名大学生,旭旭当然也不愿意打扫洗手间,然而看着主管为难的样子,再看看丝丝不依不饶的,所以她决定委屈自己,给主管一个台阶下。就这样,旭旭每天都认真地打扫洗手间,很快,他们酒店就接二连三收地到顾客的表扬信,说对酒店的洗手间最满意。渐渐地,旭旭的美名传到老总的耳朵里,老总也不由得对其另眼相看。主管更因为旭旭曾经帮他解围,对旭旭非常器重。

一年之后,酒店扩大经营规模,成立了客服部。在主管的推荐下,老总当即拍板让旭旭担任客服部经理。老总相信,既然旭旭能把卫生间都打扫出花儿来,她也一定能够认真细致地做好客服工作,让所有入住的宾客都感到满意。

短短一年的时间里,丝丝和旭旭的命运变得截然不同。旭旭成为公司的中层管理者,并且承担着关系到公司发展和前途的重要工作,而丝丝依然是个酒店前台,再次遇到旭旭时,她不得不问候旭旭:"李总好!"毕业于同一所大学的两个同学,就这样在人生的道路上有了天壤之别。

朋友们,如果想在职场上出人头地,就要牢记"没有最好,只有更好"的训诫。人在职场,每个人都想得到轻松悠闲的工作,每个人都想要风光的岗位,然而好的工作岗位毕竟是有限的,当遇到别人不想从事某项工作时,我们不如主动请缨，这样既能够给上司解围，也能够在更加艰苦的岗位上表现出自己的超强能力，从而得到重用。当我们把别人做不好的事情都做好了，还有什么是我们做不好的呢？

人生没有退步，只有进步

行走在熙熙攘攘的大城市，大多数人都孑然一身，蜗居在城市的某一间阴暗潮湿的地下室里，或者与其他的室友合租一套房子。即便如此，他们依然努力地工作，希望有朝一日能够凭着自身的努力拥有更好的生活。他们时常加班，有的时候一日三餐都是快餐，或者方便面，即使偶尔和朋友小聚，也要数着钱过日子，根本不能做到相对的财务自由。在这种情况下，有的人选择随波逐流，渐渐地忘却初心，有的人却坚持自我，从不轻易放弃，总是奔向自己的目标。他们是非常克己自律的，每天都在严格按照自己的人生计划行事，绝不轻易懈怠。

在别人赖在温暖被窝里的清晨，他们早早起床，或者晨跑，锻炼自己的意志，或者早读，学习英语。在别人花天酒地、纸醉金迷的夜晚，他们在加班，或者参加培训班，有针对性地提升自己。不得不说，他们是坚强自立的人，也因为努力和坚持，变得与众不同。他们很清楚，只有今天多流汗，明天才能少流泪。在这种意念的支撑下,他们自然更加奋发图强,也更坚持不懈地努力。

作为大名鼎鼎的校草,罗蒙不仅家世显赫,而且人也是非常英俊帅气,最重要的是,他还特别努力,学习成绩优异不说,在各种比赛中都能夺得奖项,简直吸引了几乎全校所有的女生。很多男生都羡慕罗蒙得天独厚的家世条件,罗蒙却总是说:"我不想就这样庸庸碌碌度过一生,我相信只要努力,我完全可以成就属于自己的人生。"就这样,大学四年,罗蒙一直坚持奋斗。不管罗蒙多么努力,很多同学就是觉得罗蒙靠的是家世。直到大学毕业后,罗蒙开了一家公司,不但做得风生水起,而且成了行业中的佼佼者。后来,罗蒙更是抱得美人归,娶了一个漂亮而又有才华的妻子,组建了幸福的家庭。

虽然罗蒙是不折不扣的富二代,但是他对于自己的人生不但负责,而且拼尽了全力。他从不依靠父母过日子,而是依靠自己的实力打拼,最终赢得了属于自己的精彩人生。那些曾经对他不以为然的同学,最终都为他的实力折服。

人生就是如此,没有人能够永远享受安逸,所谓的岁月静好,只不过是人们的一厢情愿。人生总是处于变化之中,如果停滞不前,就相当于退步。所以哪怕是对于人生没有过多奢望的人,也不要觉得人生不值得奋斗。唯有保持与时俱进,我们才能避免被人生的节奏甩下,也才能更加从容淡然面对人生。

何时开始努力都不算晚

如果你用心寻找，就会在家里发现一个老物件，这个老物件是你祖父祖母的，或者是他们传给你父母的。总而言之，这个老物件的年纪一定比你更大，这个老物件的身上会泛出独特的光泽，看起来似乎饱经岁月的洗礼，而且拥有独特的韵味。时光流转，在老物件身上留下了深深浅浅的印记，然而，这些印记不曾使老物件变得老朽，反而赋予了老物件独特的魅力。在时光的缓缓流淌中，老物件依然存在，而且将继续存在下去。有的时候，你盯着老物件看，会恍惚觉得自己看到了时光机，甚至会从老物件的各种痕迹之中，觉得自己回到了曾经。

有的人很相信命运，觉得人生是可以流转的，也存在着轮回。但是有的人却不相信命运，他们更加倾向于认为人生只存在于此时此刻的光影之中。然而，不管如何，人生总是这样缓慢地流淌向前，也总是这样的不急不躁。但是当你感慨生命中的青春一去不返的时候，你就会意识到时光匆匆而过，人生中最曼妙的时候已经回不来了。如果你始终介意自己是否青春正好，你一定会很痛苦，因为短暂的青春时光很容易逝去，如果你始终活在对于过去的无限缅怀之中，如何还能把握现在、活在当下呢？

对于人生而言，每一个阶段都有每一个阶段的美好。在幼年时期，孩子们无忧无虑，飞速地成长，学会了人生的各种技能，变得越来越强大。在青春期，少年开始初尝愁滋味，为此经常感到烦恼，然而正是在这样的过程中，他们渐渐长大。人到中年，上有老下有小，开始感受到生命更加沉重的压力，在拼搏奋斗和不懈进取的过程中，生命也渐渐变得丰盈。在任何时候，都不要感慨生命易逝，只要你非常坚持和努力，只要你什么时候都决不放弃，你一定会获得更多的成长，获得更多的成就。

人生，何时开始都不晚，尤其是对于那些努力奋进的人而言。抓住人生中的机会，才能更加绚烂绽放。记住，每时每刻都是人生的好时候，重要的是你要全力以赴去抓住机会，拼尽全力用双手去创造生活。每个人都是自己的上帝，都是自己人生唯一的主宰。任何时候，都不要把人生中的坎坷挫折归咎于命运，而是要更加全力以赴做好自己该做的事情，既不得意忘形，也不盲目乐观，坚定不移地在人生的道路上勇往直前，拼尽全力做好自己该做的事情，才能不忘初心，砥砺前行，才能无畏无惧，进入人生的更高境界。

人生到底是漫长还是短暂，其实取决于每个人对待人生的不同态度。有的人对待人生很认真，争分夺秒充实地度过人生。也有的人对待人生总是浑浑噩噩，不愿意努力拼搏和奋斗，最终经常陷入被动。还有的人在人生之中始终带着焦虑的情绪，不知不觉间就把人生当成了一场煎熬，也把人生当成了对自己的折磨和考验。在这样的消极心态和被动状态下，人生自然会变得越来越被动，也会因此而变得难熬。正如一句网红语所说的，既然哭着也是一天，笑着也是一天，为何不能笑着度过每一天呢？消极的人穷尽一生悲悲戚戚，积极的人在人生的每一天之中都绽放笑容，积极地度过。

人生何时开始都不算晚，要想在人生之中获得更多的收获，就要笃定内心，始终知道自己想要成为怎样的人，拥有怎样的人生。想好了就去做，人生从来不晚。有很多老人退休之后才去读大学，也有很多年轻人动辄就说自己已经老了，并且以此为理由拒绝进步，拒绝成长，拒绝努力。不得不说，世界上最可怕的事情就是觉得自己已经老了，再开始任何事情都晚了。人的年龄分为两种，一种是生理年龄，另一种是心理年龄。我们没有办法阻止时光流转，因此是不能决定生理年龄的，但是每个人都可以保持年轻的心态，拥有一颗青春永驻的心。细心的朋友们会发现，在现实生活中，有些年轻人显得非常老迈，这是因为他们虽然年纪不大，但是内心却很苍老。也有一些人尽管已经非常老迈，但是他们的心态年轻，因此容貌看起来也容光焕发。记得在一期综艺娱乐节目中，有一个九十多岁的老人上台献唱。老人的心态很好，看起来比实际年龄年轻得多，而且听力、视力都非常清楚，与大家沟通也都完全没有问题。不得不说，正是好心态让她如此年轻，也让她可以在九十多岁时，还有勇气走上舞台，炫出歌声。我们都应该学习这位老人，也要始终在人生的历程中舞动青春，轻舞飞扬！

认真耕耘，必有收获

正如人们所说的，理想是丰满的，现实是骨感的。很多时候，我们怀揣着伟大的梦想，却不得不面对苍白无力的现实，这时我们一定要调整好心态，要知道人生中很多事情之间的因果关系并不是对等的。我们既要怀着坚定不移的信念付出努力，也要带着随遇而安的心态接受命运的馈赠，只有面面俱到，才能最大限度地打开心扉，让自己拥有更加开阔的未来。

在日常生活中，看到别人轻而易举获得成功，我们往往会陷入一个误区，即觉得别人的成功都是一蹴而就，根本没有什么了不起的地方。不得不说，这样的想法是完全错误的。因为别人在获得成功之前，已经付出了长期艰苦卓绝的努力，已经进行了非常艰难的坚持，而这一切都是我们所不曾看到的。所以不要断言别人的成功是随随便便捡来的，这个世界上从没有一蹴而就的成功，更没有天上掉馅饼的好事情。你所以为的别人轻松获得的成功，都是他们在人生的旅途中不断努力的结果，也是他们在面对艰难的事情时候绝不放弃的坚持。要想获得成功，我们就要比别人更加努力和坚持，这样才能获得命运慷慨的馈赠。

当然，这并不意味着机会就不重要。从某种意义上而言，一个人如果在努力之余还能得到命运的眷顾，还能得到机缘巧合的好运气，那么他们的成功就会来得更加猛烈。例如在如今的互联网时代，马云、李彦宏、马化腾等人都是因为抓住了时代的好机遇，自身也非常努力和坚持，才能够如愿以偿地获得成功。他们对于命运的把握恰到好处，既没有早一分，也没有晚一秒，就像抓蛇抓住七寸一样，他们一下子就扼住了命运的咽喉。这样的他们，才能够与时代共同成长，领先于时代。

幸运固然可以助力成功，却不会对成功起到决定性的影响作用。每一个人要想获得幸运的青睐，就要牢记一句话，机会总是留给那些有所准备的人。任何时候，我们都不要忽略了机会的重要性，而要为了抓住千载难逢的好机会而时刻准备着。只有当努力付出与良好机遇合二为一时，我们的人生才会获得更快速的成长和进步，我们的未来也才会璀璨辉煌。

在如今的时代里，很多人都有怨气，他们总是觉得自己被命运亏待，得到的太少，失去的太多。不得不说，当一个人对于人生怀有怨气时，他就很难在人生之中获得更好的成长。任何时候，我们都要怀着感恩之心面对人生，只有越努力才会越幸运，而一味地抱怨只会让我们的现状更加糟糕。与其羡慕别人的成功和好运气，不如从现在开始就调整好心态，心甘情愿地付出和努力。人生总是有心栽花花不成，无心插柳柳成荫，当你消除自己的功利心，勇敢无畏地面对人生，绝不吝啬付出，你也许就会得到生命的馈赠，也得到命运丰厚的回报。

抛弃空想，专注于眼前的事

伊格诺蒂乌斯·劳拉有一句名言："一次做好一件事情的人比同时涉猎多个领域的人要好得多。"的确，在很多领域内都付出努力，我们的精力难免会分散，而我们也难以进步，最终什么都做不成。我们只有沉淀自己，一心一意去做某件事，做到不腻烦、不焦躁，埋头苦干并坚持下去，才能有所收获。

事实上，专注力是人自控力的重要方面，我们需要将之运用到日常行为习惯的培养中，做到坚持不懈，如此，我们才能塑造出优秀的人格，历练出强有力的自制力。

莫泊桑是19世纪法国著名作家。他从小酷爱写作，孜孜不倦地写下了许多作品，但这些作品都平平无奇，没有什么特色。莫泊桑焦急万分，于是，他去拜法国文学大师福楼拜为师。

一天，莫泊桑带着自己写的文章，去请福楼拜指导。他坦白地说："老师，我已经读了很多书，为什么写出来的文章还是不生动呢？"

"这个问题很简单，是你的功夫还不到家。"福楼拜直截了当地说。

"那怎样才能使功夫到家呢？"莫泊桑急切地问。

"这就要肯吃苦、勤练习。你家门前不是天天都有马车经过吗？你就站在门口，把每天看到的情况详详细细地记录下来，而且要长期记下去。"

第二天，莫泊桑真的站在家门口，看了一天大街上来来往往的马车，却一无所获。接着，他又连续看了两天，还是没有发现什么。万般无奈，莫泊桑只得再次来到老师家。他一进门就说："我按照您的教导，看了几天马车，没看出什么特殊的东西，马车那么单调，没有什么好写的。"

"不，不不！怎么能说没什么东西好写呢？那富丽堂皇的马车，跟装饰简陋的马车是一样的走法吗？烈日炎炎下的马车是怎样走的？狂风暴雨中的马车是怎样走的？马车上坡时，马怎样用力？车下坡时，赶车人怎样吆喝？他的表情是什么样的？这些你都能写得清楚吗？你看，怎么会没有什么好写呢？"福楼拜滔滔不绝地说着，一个接一个的问题，都在莫泊桑的脑海中打下了深深的烙印。

从此，莫泊桑天天在大门口全神贯注地观察过往的马车，从中获得了丰富的材料，并写了一些作品。于是，他再一次去请福楼拜指导。

福楼拜认真地看了几篇，脸上露出了微笑，说："这些作品表明你有了进步。但青年人贵在坚持，才气就是坚持写作的结果。"福楼拜继续说："对你所要写的东西，光仔细观察还不够，还要能发现别人没有发现和没有写过的特点。如你要描写一堆篝火或一株绿树，就要努力去发现它们和其他的篝火、其他的树木不同的地方。"莫泊桑专心地听着，老师的话给了他很大的启发。福楼拜喝了一口咖啡，又接着说："你发现了这些特点，就要善于把它们写下来。今后，当你走进一个工厂的时候，就描写这个厂的守门人，用画家的那种手法把守门人的身材、姿态、面貌、衣着及全部精神、本质都表现出来，让我看了以后，不至于把他同农民、马车夫或其他任何守门人混同起来。"

莫泊桑把老师的话牢牢记在心头，更加勤奋努力。他仔细观察，用心揣摩，积累了许多素材，终于写出了不少有世界影响力的名著。

和莫泊桑一样，很多成功者之所以成功，就是因为他们做事专注，经过了沮丧和危险的磨炼，最终实现人生理想。福韦尔·柏克斯顿认为，成功来自一般的工作方法和特别的勤奋用功,他坚信《圣经》的训诫:"无论你做什么,你都要竭尽全力!"他把自己一生的成就归功于对"在一定时期不遗余力地做一件事"这一信条的实践。

相反,那些对于当下的目标总是摇摆不定的人,一旦在工作中遇到什么问题就选择逃避,对于琐碎的工作也总是借口推脱,这样的人注定是无法成功的。而假如我们把手头的工作当成不可回避的事情来看待,我们在做的时候就会愉悦多了,而且效率会提高很多。

与其他任何习惯一样,专注一旦成为我们的行为习惯,我们便会从中获益良多,即便是那些智力和能力一般的人,只要在某段时间内全身心地投入某项工作中,他们也会取得巨大的成就。那么,具体来说,我们该如何提升自己的专注力呢?

1.一次只做一件事

如果你决定了做一件事,那么,你就要做到专注,然后,你需要问自己:"在这些要做的事情中间,哪件事最重要?"选出那件最棘手的事,然后保证自己在接下来一段时间内只专注于它。

2.排除干扰

在你准备做一件事时,请收拾好你的书桌,关闭手机,关闭计算机的浏览器等,隔绝那些容易使你分心的事,你的学习和工作效率会提高很多。

3.明确做事动机

明确你办事的动机有助于提高你的专注力，并且能让你完成任务。你要知道你为什么要去专注于某事，而且要清楚如果你不专注于此事会有什么样的后果。

此外，你可以想象一下，假如你朝着一个方向前进的话，你的生活将会是什么样子的；想象一下你理想中的生活，让它清晰可见并让它时刻浮现在你脑海中。

4.深呼吸

当你开始新的一天时，问自己一个问题，"我在呼吸吗？"

然后做几次深呼吸。问你自己，"我现在感觉放松吗？"如果你的回答是"不太放松"，那么暂且什么也不要做，先做几次深呼吸。

5.享受当下

当下是我们所拥有的一切，生活只存在于当下。珍视它，祝福它，感激它，体验它。

在对有价值目标的追求中，专注是一切真正伟大品格的基础。它会让我们有能力克服艰难险阻，完成单调乏味的工作，忍受其中琐碎而又枯燥的细节，从而使我们顺利通过人生的每一驿站。

总之，人生路上，我们不要有太多的空想，而要专注于眼前的工作。在生活中的多数情况下，对枯燥乏味工作的忍受和含辛茹苦，应被视为最有益于人身心健康的原则，为人们所接受。

命运会眷顾那些加倍努力的人

在生活中，我们经常羡慕他人能得到好运气，因为他们总是轻而易举就能满足自己的愿望，实现自己的梦想。然而我们没有留意到的是，他们虽然现在得到了好运气，但是在此之前，他们却付出了很大的辛苦和努力。

在这个世界上，没有一蹴而就的成功，更没有绝不坎坷的人生。

每个人在漫长的人生路上，都会遭遇很多困境，甚至陷入绝境。每当这时，我们就要牢记海明威笔下桑迪亚哥老人的那句话，"一个人并不是生来就要被打败的，你尽可以把他消灭掉，可就是打不败他"。的确，我们不管活得多么艰难，都不能轻易放弃，因为我们的放弃才意味着真正的失败。反之，假如我们在人生过程中始终心怀希望，坚韧不拔，那么我们就能够度过艰难坎坷的时刻，走到人生的坦途之上。古人云，天道酬勤，意思就是，命运会眷顾那些加倍努力的人。也有人说，机会总是留给有准备的人，这句话也有着相似的提醒作用，意在告诉我们，一个人只有真正摆正自己的位置，时刻努力，准备着抓住转瞬即逝的机会，才能得到好运。既然如此，我们还有什么理由不努力，不奋斗呢？

在生活中，我们经常听到他人抱怨自己命运不济，时运不佳，殊不知，命运并非天注定，更大程度上命运掌握在我们自己手中。我们唯有坚持不懈地努力，不管什么时候都满怀希望和勇气，才能最大限度地把握命运，从而为自己的人生争取到更多的机会。

曾经，有人看到寺庙里的大师每天都要敲打木鱼，不由得疑惑地问："大师，您在念佛的时候，为何总是敲打木鱼呢？"

大师说："我虽然在敲打木鱼，实际上每一声都敲在人的心里。"

"即便这样，也可以敲鸡呀，牛啊之类的牲畜，为何偏偏要敲打鱼呢？"那个人还是不解。

大师笑着说："在人世间，鱼是最勤快的，它甚至不睡觉，终日瞪大眼睛游来游去。这么勤快的鱼儿，尚且需要敲打，更何况是惰性十足的人呢！"

当然，这只是一个寓言故事，但是却为我们揭示了深刻的道理。人的本性之中就饱含"懒惰"，很少有人能够抵抗懒惰的诱惑。举例而言，人很容易就被懒惰降服，诸如早晨赖在温暖的被窝里不愿意起来，起床之后又把该干的事情不断推迟和拖延。再如，对于人生的很多计划都无限延迟，导致人生计划最终落空，人生也毫无成就。不得不说，整个人类都面临"懒惰"的难题。假如我们能够战胜懒惰，那么我们的人生必然更加高效。

为了克服我们自身懒惰的毛病，我们就要像大师敲打木鱼一样，不停地敲打和鞭策自己。所谓天才，实际上就是勤奋的产物。正如有位名人所说的，这个世界上哪里有天才，我只是把别人喝咖啡的时间用来工作而已。人不是神，人无法随心所欲地做成所有事情。因而要想取得进步，我们就必须笨鸟先飞。尤其是在自觉自己不如他人聪慧的情况下，我们更要坚持不懈地付出，才能最终用自己的辛勤汗水换来丰厚的回报。

记得曾经有位哲学家说过，在这个世界上，只有蜗牛和雄鹰能够登顶金字塔尖。雄鹰能够登顶金字塔尖，这一点人们都很信服，但是蜗牛如何能够爬到金字塔尖呢！这使人很费解。但是只要认真思考和分析，我们不难发现，蜗牛之所以能登顶就是因为勤奋。一个人的成功固然离不开自身的学识修养以及外部的各种有利条件，但是更重要的是勤奋。如果缺乏勤奋，再聪明的人也无法获得人生的成就。

第六章

把握机遇,从容不迫应对生活挑战

抓住分秒时间，把握自己命运

毋庸置疑，每个人都渴望成功，都希望自己能够功成名就。然而，成功的机会很难抓住。有位名人曾说，机会都是给有准备的人准备的。这句话非常形象贴切，因为如果平日里不努力，松懈懈怠，等到成功的机会真的从天而降时，你也只能垂涎三尺地看着别人抓住机会，实现梦想。由此，我们回到本章的正题：拖延的人能抓住成功的机会吗？除非奇迹出现，答案当然是否定的。很多人瞪大眼睛时刻准备着尚且无法抓住成功的机会，更何况是整日睡眼惺忪、不知所以的你呢！因此，要想成功，我们必须时刻保持机灵，不放过每一个转瞬即逝的好机会。

有的时候，即使只拖延1分钟甚至是1秒，事情都会发生翻天覆地的变化。你知道在1分钟的时间里有多少婴儿出生吗？你知道在1秒的时间里股市会有怎样的动荡产生吗？你知道地球每秒运行多少千米吗？只是一瞬间，事情就会出现突然的转折。而你，不能在一切都瞬息万变的现代社会始终保持静止不动的姿势。要想把握住成功的机会，我们就必须与时俱进，更加努力上进。

第六章
把握机遇，从容不迫应对生活挑战

很多细心的人会发现，我们人生的很多重要转折并非出现在那些关键的重大时刻，而只是因为一瞬间的关键时点。因而，不管什么时候，我们都要学会把握关键时点，这样才能如愿以偿地更加接近成功。

作为美国的石油大亨、美孚石油公司的董事长，贝里奇经常四处巡查工作。有一次，在去开普敦视察工作时，贝里奇无意间看到一个年轻的小伙子正跪在地板上清除水渍。与普通的清洁工不同，这个小伙子每擦地一下，就会非常虔诚地以额头触地。贝里奇万分惊讶，情不自禁地上前询问，小伙子说："我是在感谢一位像万能的上帝一样的人。"贝里奇更奇怪了，说："像上帝一样的人？他是谁呢？"小伙子以非常尊敬的口吻说："他就是给了我工作机会的人。是因为他，我才顺利找到这份工作，养活自己。"看到小伙子如此感恩，贝里奇笑了，说："我也认识一位像神仙一样的人，正是因为他的帮助，我才有今日的成就，成为美孚石油的董事长。你愿意见一见我的贵人吗？"小伙子说："我是孤苦无依的孤儿，从小就是由教会抚养长大的。我愿意报答曾经帮助过我的好心人，如果这位贵人能够让我在养活自己之余，还有能力报答那些好心人，我很愿意马上就认识他。"贝里奇故作玄虚地说："在距离这里千里之遥的南非有一座大山，我说的神仙一样的贵人就住在那里。如果你愿意去，我可以代你请假。不过，你只有一个月的时间,不能多一分,也不能少一秒。否则,圣人就会怪罪于你。"

年轻人当然愿意抓住这个改变命运的机会,因而他辞别贝里奇之后马上出发,正好在第30天时赶到了那座大山。然而,他找遍了整座大山,也没有找到贝里奇所说的神仙一样的人。因此,他失望地回来了。刚刚回到公司,他就去问贝里奇:"尊敬的董事长,我在山上没有找到你所说的神仙一样的人。我找遍整座大山,只有我自己啊。"贝里奇笑着说:"是的,只有你自己。因为你按时到达,所以你找到了自己成功的机会。你既没有多一分,也没有少一秒,如果你做任何事都这样刚刚好,你一定能够获得成功。"贝里奇的话让年轻人恍然大悟。从此之后,他抓住每一分每一秒的时间努力奋斗,终于在20年后成为美孚石油开普敦分公司的总经理。他,就是贾穆纳。

任何人,做任何事情,都需要抓住机会,既不早到一分,也不迟到一秒。而要想做到这一点,我们就必须精准地把握人生的每一次机会,千万不要因为拖延而失去千载难逢的成功机会。有的时候,成功的机会转瞬即逝,一次延误也许就会导致一生的错失。

贾穆纳之所以成功,正是因为他在贝里奇的指引下,在刚刚好的时间里,找到和发现了自己。要想成功,我们既要把握自己的命运,又要抓住分秒的时间,如此才能梦想成真,否则就会竹篮打水一场空。成功，是实实在在的，来不得半点虚假。我们只有抓住人生中的每一次机会，才能更加接近成功。

善于等待，一切都会及时到来

有一则寓言故事讲述了一头口渴的驴子的故事，这则故事告诉了人们善于等待有着怎样的意义。

有一头驴，每天都会在固定的时间走到河边饮水。可是这个时候水里的鸭群扇动翅膀，正在开心地玩耍。它们嘎嘎地叫着，互相追逐，结果把水搅得混浊不堪。

驴虽然渴得难以忍受，但是它滴水不沾，走到一边，开始耐心等待。

最后，鸭群平息下来，爬上岸，慢慢腾腾地走远。驴重新来到河边，可是河水还很浑。于是，驴又悻悻地走开。

"妈妈，驴为什么不喝水呢？"好奇的小青蛙对驴的举动很困惑，"它已经两次走到河边，可是连一口水也没喝就走了。"

青蛙妈妈回答道："驴宁愿渴着，也不沾一口脏水。它会耐心等待，直到水变得洁净，变得清澈见底，才肯饮用！"

"哎呀！驴怎么这么固执呢？"

"你说得不对，孩子，与其说它固执，不如说它有耐心。"

青蛙妈妈解释说:"驴善于等待,所以能够喝到清洁的水;如果它缺乏克制能力和忍耐力,就只能喝浑浊的脏水了。"

驴非常口渴,但是它却没有急着去喝脏水,而是用一颗平静的心去等待。我们应该从这头驴的身上学会坚忍的品质,要明白成功是需要等待的,而不是急于求成。一个人要想办成一件事,没有坚强的毅力和极好的耐心是不行的。学习是这样,工作和做事也是这样。

王猛出生在青州北海郡剧县,年幼时因战争动乱,他随父母逃难到了魏郡。在王猛年轻的时候,曾经到过后赵的都城——邺城,这里的达官贵人没有一个人瞧得起他,唯独有一个叫徐统的见了他以后非常惊奇,认为他是一个了不起的人物。于是,徐统召请王猛为功曹,可是王猛不仅不答应徐统的召请,反而逃到西岳华山隐居起来。因为他认为自己的才能不应该干功曹之类的事,而是应该去帮助一国之君干大事,所以他隐居在山中,静观时势变化,等待机会的到来。

公元351年,苻健在长安建立前秦王朝,力量日渐强大。公元354年,东晋的大将军桓温带兵北伐,击败了苻健的军队,把部队驻扎在灞上。王猛身穿麻布短衣,径直到桓温的大堂求见。桓温请他谈谈对当时局势的看法,王猛在大庭广众之中,一边把手伸进衣襟里去捉虱子,一边纵谈天下之事,滔滔不绝,旁若无人。

桓温见此情景，心中十分惊奇，他对王猛说："我遵照皇帝之命，率十万精兵，号称正义之师前来讨伐逆贼，为百姓除害，以安天下。可是，关中豪杰却没有人到我这里来效劳，这是什么缘故呢？"王猛直言不讳地回答说："您不远千里来讨伐敌寇，长安城近在眼前，而您却不渡过灞水去把它拿下来，大家都揣摩不透您的心思，所以才不来。"

桓温沉默良久。王猛的话正击中了他的要害，他的打算是，自己平定了关中也只能得个虚名，而实际利益是归朝廷所有的，与其消耗实力，为他人作嫁衣裳，还不如拥兵自重，为自己将来夺取朝廷大权保存力量。

正因如此，桓温更加认识到王猛的非同凡响，便道："这江东没有人能比得上你。"

后来，桓温退兵了，临行前，他送给王猛漂亮的车子和优等的马匹，又授予王猛高级官职"都护"，请王猛随他一同南下。但王猛拒绝了桓温的邀请，继续隐居华山。开始的时候王猛的确是想借桓温这个机会来干一番事业的，但是他考察桓温和分析东晋的形势之后，认为桓温不是甘心久居人下之人，迟早会反叛，但是以桓温的实力未必能够成功，自己在桓温手下很难有所作为。

桓温走后的第二年，前秦的苻健去世，继位的是中国历史上有名的暴君苻生。苻生昏庸残暴，杀人如麻。苻健的侄子苻坚想除掉这个暴君，于是广招贤才，以壮大自己的实力。他听说了王猛的名声，就派尚书吕婆楼去请王猛出山。苻坚与王猛一见面就像知心的老朋友一样，他们谈论天下大事，双方的意见不谋而合。苻坚觉得自己遇到王猛就像三国时的刘备遇到了诸葛亮，王猛觉得眼前的苻坚才是值得自己一生效力的对象。于是，王猛留在苻坚身边，积极为他出谋划策。

公元357年，苻坚一举消灭了暴君苻生，自己做了前秦的国君，而王猛成了他手下的得力助手，任中书侍郎，掌管国家机密，参与朝廷大事。王猛36岁时，因为才能突出、精明能干，一年之中连升了五级，成了前秦的尚书左仆射、辅国将军、司隶校尉，为苻坚治理天下出谋划策，干出了一番轰轰烈烈的大事业，成为中国历史上杰出的政治家。

王猛没有为了求取富贵荣华而做出一些急功近利的事情，他懂得韬光养晦，更有一颗隐忍等待的心，终于遇到了明主，也最终成就了自己的一番事业。总之，只有善于等待时机，你才不会错过时机。只要懂得积蓄能量，终有一天你会蓄势待发，一飞冲天。善于等待的人，一切都会及时到来。想要成就一番事业，就必须丢弃浮躁的心理，磨炼自己的意志，韬光养晦，这样才能成就更优秀的自己。

抢抓机遇乘势而上，铸就辉煌人生

俗话说，"天地生人，生一人应有一人之业；人生在世，生一日当尽一日之勤"。

勤勉永远是成就一番事业的铺路石，特别是对那些白手起家的人来说，没有天然的财富优势和关系网络，如果再不积极争取，一切只能是黄粱美梦。

然而，在我们身边，勤劳的人不计其数，早出晚归甚至彻夜加班者屡见不鲜，但在这部分人中，最终能够实现白手起家的却寥寥无几。

同样的汗水却没有换来同样丰厚的收获，一是因为他们对于白手起家原本就没有强烈的意念，只是把这种设想当成调侃的资料，在茶余饭后憧憬一番；二是有些人虽然辛勤劳动、渴望富有，但他们害怕失败和改变，这类人也是普通人中的大多数，他们只有在自己熟悉的环境中，面对自己熟悉的人才会安心，面对陌生的领域，从来都是战战兢兢，不敢轻易涉足，逐渐向命运缴械投降了；三是有些人虽然敢闯敢干，却太容易满足而不思进取，在生活得到一定的满足后，就窝在温暖的小家里，不再积极地闯荡了。

在白手起家的致富路上，平淡的生活年复一年地考验着我们，也正是这种日复一日不变的生活，让很多人先是感觉有劲儿使不上，然后就逐渐放弃了努力，毫无目标地混下去。

有一天，戴尔·卡耐基在一个出售丝巾的柜台前和一个受雇于这家商店的年轻人聊天。他告诉戴尔·卡耐基，他在这家商店已经服务了4年，但由于这家商店的"短视"，他的服务并未受到店方的赏识，为此他心灰意冷，打算离开。

在他们谈话时，有位顾客走到他面前，要求看看帽子。这位年轻店员对这名顾客的请求置之不理，继续和卡耐基谈话，虽然这名顾客已经显出不耐烦的神情，但他还是不理。最后，等他把话说完了，才转身对那名顾客说："这儿不是帽子专柜。"那名顾客又问帽子专柜在什么地方。这位年轻人回答说："你去问那边的管理员好了，他会告诉你怎么找到帽子专柜。"

你目前从事的工作也许看起来并不重要，也不能在短时间内为你带来金钱的快速积累，但你应该意识到，机遇和光明的前途是永远存在的，你的态度很重要。一个连基本工作都不积极做好的人，又怎么能在人生和积累财富的道路上有大的收获呢？

有一天，林肯在街头看到一份新到的《智慧》杂志，随手买了一本翻看。突然，他发现中间几页没有裁开。他用小刀裁开了连页，又发现连页中的一段内容被纸糊住了。他又用小刀慢慢把纸刮开，于是出现了以下文字：恭贺您！您用您的好奇心和接受新事物的能力获得了本刊1万美元的奖金，请将杂志退还本刊，我们负责调换并给您寄去奖金。林肯对编辑部这种启发读者智慧和好奇心的做法极其欣赏，便提笔写了一封回信。不久，他便接到编辑的一封回信：总统先生，在我们这次故意印错的300本杂志中，只有8个人获得了奖金，绝大多数人都采取了寄回杂志社重新调换刊物的做法。看来您是真正的智者。

在现实生活中，有很多或隐或现的机会就如这些藏着奖品的杂志一样在我们的身边穿行，但并不是每一个人都会去奋力捕捉。大多数人都是习惯性地一扫而过，不予关注，以至于在"中奖"的结果出现时，很多人都悔之晚矣。

有一天，日本三洋电机的创始人井植岁男的园艺师傅对井植说："社长先生，我看您的事业越做越大，而我却像树上的蝉，一生都坐在树干上，太没出息了。您教我一点创业的秘诀吧。"

井植点点头说："行！我看你比较适合园艺工作。这样吧，在我的工厂旁有20 000平方米的空地，我们合作来种树苗吧！树苗1棵多少钱能买到呢？""40元。"井植又说："好！以1平方米种2棵计算，扣除走道，20 000平方米大约种20 000棵，树苗的成本不到100万元。3年后，1棵可以卖多少钱呢？""大约3 000元。""100万元的树苗成本与肥料费由我支付，以后3年，你负责除草和施肥工作。3年后，我们就可以每棵收入3 000元，共20 000棵，应为6 000万元！到时候我们每人一半利润。"听到这里，园艺师傅却拒绝说："哇！我可不敢做那么大的生意，还是算了吧！"最后，他还是在井植家中栽种树苗，按月拿取工资，白白失去了致富良机。

在创业和实现梦想的道路上，你应当勇于尝试，试图去抓住你所能看到的任何机遇，要让自己先起步，跑起来，才能到达事业的高峰。

对于普通人来说，两手空空、琐事不断、生活平淡这也许是常态，但越是在这种平淡的状态中，我们越应该积极地捕捉改变命运、创造财富的机遇。哲人说：大地回暖向万物发出了请柬，但并不是每一粒种子都能发芽。如果你想让自己这粒"白手起家"的种子尽早发芽，积极的态度是必需的养料。

抓住机会，见机而动

在生活中，总能听到有人抱怨老天不公，抱怨上天没有赋予自己良好的机遇。其实不然，上帝对待每个人都是公平的，所以给予大家机遇的机会其实是同等的。也许这个机遇并不是那么的明显，也可能是在你没有预料到的情况下出现，这时候，能不能取得成功，就看你是不是能抓住机遇了。

机会犹如白驹过隙，稍纵即逝。只有拥有一双慧眼，抛开内心的优柔寡断，才能抓得住它。常有人说："抓住机会，见机而动。"这其实并不难理解，但许多人却遗憾地并没有抓住

第六章
把握机遇，从容不迫应对生活挑战

属于自己的机会，最终失去了获得成功的资格。

生活中的你，不要总是抱怨没有好的机会降临在你身上，不要总想着会有兔子撞死在你面前。成功的机会无处不在，关键在于你是否能紧紧地抓住。聪明的人能从一件小事中得到大启示，有所感悟，化为成功的机会；而愚笨的人即使机会放在他面前也不知。

有人说，人生有三大憾事：遇良师不学，遇良友不交，遇良机不握。很多人把握不住机遇，不是因为他们没有条件、没有胆识，而是他们考虑得太多，在患得患失间，机遇的列车在你这一站停靠了几分钟，又向下一站行驶去了。我们生活在一个激烈竞争的时代，很多机会本来就是稍纵即逝的。每每在优柔寡断的人左思右想的时候，机会已经溜到别人手里，把他远远地抛在了后面。

要知道每一个机会的到来都是不会提前跟你打招呼的，它总是悄悄地来，然后试图让你去发现它、抓住它。如果你是有心人，拥有一双慧眼，就会理智地抓牢它；如果你认识不清、把握不准，那么即使机会就在你面前，也会与你擦肩而过。

机会稍纵即逝，所以，要把握时机确实需要眼明手快地去"捕捉"，而不能坐在那里等待或因循拖延。有一句谚语说："机会不会再度来叩你的门。"徘徊观望是我们成功的大敌，许多人都因为对已经来到面前的机会没有信心，而在犹豫之间把它放过了。"机会难再来",即使它肯再来光临你的门前,但假如你仍没有改掉你那徘徊瞻顾的毛病,它还是照样会溜走。

其实,机会对每个人都是公平的,关键看你有没有捕捉机会的敏锐性,如果没有,那么即使苹果接连不断地往下掉,你也只能看到表象,而看不到万有引力的本质。要想练就这种敏锐性,我们就必须学会见机而动,还必须学会善择良机。但是良机不会就这么赤裸裸地摆在每个人的面前,它经常掩盖在复杂的表象后面,所以我们必须养成审时度势的习惯,随时把握客观形势的变化与各方力量对比的变化,透过现象看其本质,这样方能抓住机会,成就大业。

敢于抓住机会,人生开启新篇章

随手翻看近几年的社会资讯,了解引领社会风潮的年轻创业者们,我们都会发现这样一个真理:真正成功,最终做成大事的人,从来都是懂得抓住机遇的人。他们似乎都非常地有远见,在你还在刚刚了解的阶段时,他们早已将项目落到了实地。几年前你所感叹的不方便,心中默念的"要是怎么样就好了",似乎都在眨眼之间都被变成了现实。你所小瞧的每一个小小的生活点滴,都变成了别人眼中的创业机遇,然后你会发现：只有紧跟社会潮流，找到适合自己的方向，并且抓住手边的每一个机会，你才能够用机会来证明自己的能力。而生活中的很多成功者之所以能够成功，也跟这一事实是分不开的。

曾经听说过这么一个故事：有一匹年轻的千里马一直在寻找属于它自己的伯乐。有人问它："你知道你的伯乐长什么样吗？""我不知道，但是我知道，当他出现的时候，我一定会有心灵感应的。"千里马信誓旦旦地回答道。当猎人出现的时候，他邀请千里马跟随他一起去走遍所有的山川冒险，千里马在心里犹豫了一下：不，我的伯乐怎么会让我成为一匹野马呢？他一定不是我的伯乐。于是，千里马拒绝了猎人。过了几年，当士兵出现的时候，他邀请千里马和他一起上战场去保卫祖国，千里马又在心里犹豫了一下：不，我的伯乐怎么会让我时刻处于危险之中呢？它摇摇头，拒绝了士兵。又过了几年，当商人出现的时候，他邀请千里马跟他一起去走遍国内外的商道，千里马还是在心里犹豫了一下：不，我的伯乐怎么会让我做这么辛苦的搬运工作呢？它摇摇头，还是选择了拒绝。日复一日，年复一年，千里马就一直这样等待着，从一匹年轻的千里马最终变成了一匹年老的千里马。这时，又有人问它："你知道你的伯乐长什么样吗？""我不知道，希望他能够尽快地出现。"千里马有点沮丧地回答道。后来，皇帝派钦差大臣来到民间寻找能够为皇家服务的良马，千里马认为他终于等到了自己的伯乐，赶紧找到了钦差大臣，告诉他说："我就是你要找的良马啊。""好的，那么，你曾经做过什么呢？你熟悉我们国家的山地吗？熟悉我们国家的道路吗？或者，有过战斗经验吗？"钦差大臣一连问了几个问题，千里马有点懵，等回过神来却也只能连连摇头。"既然你什么经历都没有，又怎么能说你就是我要寻找的良马呢？"钦差大臣有点儿不高兴地说道。"因为我是千里马啊，我天生就能够日跑千里，夜跑八百啊。"千里马委屈地说道。"那么，请你跑跑看吧。"钦差大臣再次给机会道。千里马铆足了劲开始奔跑，却没想到，由于长时间的缺乏锻炼，还没跑多远，它就已经气喘吁吁，再也跑不动了。这回，钦差大臣看了看千里马，什么也没有说就摇摇头走了。

你看，其实我们每个人都跟故事中的千里马一样，在没有成功之前，我们谁也无法断言到底谁是你的伯乐，什么机会才是真正能让你大放异彩的那一次。但是有一点，我们却可以确定：如果不尽力抓住身边的每一次锻炼自我的机会，我们最终也只能像这匹年轻的千里马一样，没有任何实力地白白变老。即便最后我们等来了真正的好机会，也只能因为没有能够与之匹配的实力而遗憾错失。

一个人的成功往往并不是因为获得了多么特别的机遇，而多数是抓住了我们身边很多看似并不起眼的机会。在很多时候你眼中寻常的事件在懂得抓住机遇的人眼中就是可以利用的时机。每个人的成功都不会是偶然的事件，而只有敢于抓住机会，才是我们人生正确的打开方式。永远不要小瞧身边每一个小小的机会，或许它就是你生命中的转折点。可能我们在抓住眼前的机会时会受到挫折，但是又有谁会知道，将来它不会成为你成功的种子呢？

这世上从来没有绝对的事情，没有人可以规划出一条完美的路线确保自己一定会获得成功，但是只有抓住自己手边的每一个机会，多让自己尝试一次，才有可能为自己多创造一个有可能成功的机会。而如果你退缩不去尝试，那么，你将永远只能止步不前，失去前进的能力。而当机会离你越来越远的时候，才是你最为遗憾的时候。因此，当机会来临时，不要害怕，不要退缩，有能力的时候果断抓住机遇，没有能力的时候也可以尝试抓住，给自己适当的压力，发挥出自己的潜能。失败了大不了重新再来一次，万一成功了呢？

成功的机遇源于主动寻找和创造

人是有磁场的，所以很多人总是能够吸引来成功，但是很多人却总是无法摆脱失败的厄运。归根结底，这并非是厄运相随导致的，而是因为我们没有营造好成功的磁场，也缺乏磁场吸引来成功的机会，所以我们的人生才会非常局促，总是与成功无缘。

无论我们怎么抱怨机会的不公平，我们都必须承认，机会对于每个人都是公平的。举个最简单的例子，同样面对机会，做好准备的人抓住了，没有做好准备的人无法抓住，那么抓住机会的人获得了成功，没有抓住机会的人最终失败，这该抱怨谁呢？

很多获得成功的人都再三强调，我们无须被动地等待机会，而是要主动出击，抓住机会。归根结底，机会是争取来的，而不是被动地等来的。伟大的亚历山大当年成功攻占了敌人的一座城池，当有人问他如果有机会是否选择继续战斗时，他不屑一顾地说，他不需要等待机会，而是可以创造机会。毫无疑问，亚历山大之所以能够成为举世闻名的大帝，自然有他与众不同的地方。纵观古今中外，每一个成功者都有勇敢果断的魄力，所以他们才能成为机会的磁场，吸引机会接二连三地来到他们身边，而他们也能当机立断抓住机会，创造自己伟大不凡的人生。

如今，缺乏工作经验的大学生毕业后，找工作成为一大难题。小马深知其中的道理，因此，从大四下学期开始，他就经常去人才市场，想要多了解一些人才市场的情况，从而更有针对性地找工作。每次去人才市场，都人山人海，但是却很少有单位招聘，而且合适的单位就更少了。为此，他虽然每次都带着简历去，却很少投递简历，总是看看就回到学校，继续去网上找相关单位。最终，他瞄上了市区的一家企业。这家企业不但知名度高，而且目前正在为了一个大项目征集标书的策划方案。这恰巧与他大学所学的专业对口，是他所擅长的。

　　小马再也不四处闲逛找工作了，而是当机立断，想方设法打听到那家公司竞标项目的相关情况，然后每天图书馆一开门就去图书馆，查阅了大量资料后，针对那家公司的项目要求，做出了一份详细的标书策划方案。完成策划方案的第二天上午，他带着策划书直接面见总经理，并且把自己精心制作的标书策划方案交给了总经理。当时，总经理正着急着找好的策划方案呢，因而并没有拒绝"从天而降"的他，而是把策划书留下来认真看了。果不其然，总经理对于马上毕业的大学生能够做出这样的策划书，感到非常惊讶。次日就打电话给他，让他来公司签订劳务合同，等到他一毕业就可以马上上岗。而且，总经理还承诺他，在他没有毕业期间做出的策划方案，只要被录用，就会给予他一定的现金奖励。小马很高兴，因为这恰恰是他努力想要得到的结果。

　　朋友们，很有可能，你的确是一块金子。但是，是金子也有可能被埋没，导致光芒无处绽放。因而，我们要想获得成功，就必须学会主动发光，学会创造属于自己的舞台。人们常说的酒香不怕巷子深,放在现代社会已经完全不适用。我们要想出人头地,就必须首先做好营销,这样才能让我们得到他人的赏识,从而得到机会展示自我,获得成功。

朋友们,记住:人生短暂,机会不是等来的,也不是从天而降的。我们必须主动创造机遇,才能拥有超强的磁场,吸引机会不断来到我们的身边,成就自我。假如你们现在还在被动地等待,那么马上转化思路,让自己成为机遇的磁石和缔造者吧,相信你们从此以后一定会拥有与众不同的人生。

第七章

行动先行，知行合一方能行稳致远

不要瞻前顾后，成功需要争取

很多时候，我们都有着自己的想法：要么创业成功，要么希望进入自己梦寐以求的公司，谋得一个称心如意的职位，等等。但是，有的人能够实现自己的愿望，拥有成功的人生；而有的人却不管怎么努力就是达不到自己的理想，过着不幸福的日子。

约瑟夫·墨菲说："决定你命运的绝不是才能，更不是环境和外在条件，而是你的思考方式，即你的想法。"从现在起，想象自己成为什么样的人，然后让这种"心想"成为一种习惯，在潜意识强大的力量下，自己真的会成为想象中的人。你想成为什么样的人，就努力去成为这样的人；你想成就什么事业，就马上去行动。为什么不呢？年轻就是资本。

人生的精彩源于梦想的精彩，你的行为决定成就的高度。其实，我们每个人都是自己命运的设计师。人生的道路该如何去走，向着什么方向去走，最终要达到什么样的目标……所有这些问题都应该是站在我们自己的立场去回答，而不需要向别人保证。如果我们想去做事情，为什么不去呢？如果我们失去了尝试的勇气，那么一生也不会有什么大的作为。

第七章
行动先行，知行合一方能行稳致远

有一个年轻人，长相帅气，为人厚道，但就是有个缺点，做事优柔寡断，就连追女孩子也是如此。

一天，年轻人很想去他爱人的家里，找他的爱人一起消磨下午的时光。但是，他又担心，不知道他应该不应该去，怕去了之后，或者显得太冒昧，或者他的爱人太忙，拒绝他的邀请，但是不去吧，他又很想念他的爱人。于是他左右为难了老半天，最后，他还是勉强下决心去了。

但是，当车一进他爱人住的巷子时，年轻人就开始后悔：既怕这次来了不受欢迎，又怕被爱人拒绝，他甚至希望司机现在就把他拉回去。车子终于停在他爱人家的门前了，他虽然后悔来，但既然来了，只得伸手去按门铃，现在他只希望来开门的人告诉他说："小姐不在家。"他按了第一下门铃，等了3分钟，没有人答应。他勉强自己再按第二次，又等了2分钟，仍然没有人答应，于是他如释重负地想："全家都出去了。"

年轻人带着一半轻松和一半失望回去，心里想，这样也好。但事实上，他很难过，因为这一个下午没有了安排。

年轻人万万没有想到的是，他的爱人原本就在家里，这个女孩从早晨就盼望年轻人会突然来找她，带她出去消磨下午的时光，她不知道他曾经来过，因为她家门上的电铃坏了。

故事中，这个年轻人如果不是那么患得患失、瞻前顾后，如果他按电铃没人应声时，就用手拍门试试看的话，他和爱人就会有一个快乐的下午。但是他并没有下定决心,所以他只好徒劳往返,让他的爱人也暗中失望。

可见,有时候思虑周全并不为过,但千万不能瞻前顾后。别人的评价是在我们的事情之后,而不可能在我们的行动之前或同时,而且是在我们做过之后很久很久,才会有客观、中肯的评价。事实上,许多事是应该用勇气和决心去争取。

许多年轻人总是说:"我想做……"但他们总是停留在口头表达,迟迟不肯行动,前怕狼后怕虎,又想去做但又担心失败,结果就是卡在那里。多年后,他们依然平平庸庸,事业也不见起色。实际上,年轻人因为有年轻的资本,哪怕失败了也可以一切重来。如果你总是犹豫不决、瞻前顾后,那只会一事无成。所以,年轻人要珍惜自己的美好时光,想去做就去做。

积极行动,缩短与目标的距离

生活中的你可以发现,古今中外的每一个成功者,都是拥有超前的思想和超凡的行动力,并通过发挥自己的优势而赢得了荣誉。一句话,行动成就梦想。说一尺不如行一寸,只有行动才能缩短自己与目标之间的距离,也只有行动才能把理想变为现实。成功的人都把少说话、多做事奉为行动的准则,通过脚踏实地的行动，达成内心的愿望。

事实上，很多情况下，无论我们有多少智慧、多少创意、多少决策和管理能力，我们常常做的还是执行，所以一个人执行力的好坏决定了他最终是否能梦想成真。马云曾经说过这样一句话："孙正义跟我有同一个观点，一个方案是一流的'idea'加三流的实施；另外一个方案是一流的实施加三流的'idea'，哪个好？我们俩同时选择一流的实施加三流的'idea'。"所以，执行力在人们成功的过程中，扮演着最重要的角色。

对于生活中的你来说，如果你心中有梦想，那么，就从现在开始改掉犹豫不决的毛病，不管面对的是危机还是机遇，你都要毫不犹豫地冲上前。很多事情不尝试怎么知道结果呢？而且如果不切切实实地去做，你就永远毫无收获。宁愿当一个错误连连的行动派，也不要当一个只说不做的空想家。

1921年，电报机发明已有25年之久，人们也已经认识到电报对信息传播的重要作用。

鉴于此，一些年轻人从中受到启发，他们认为，既然电报有如此重要的作用，那么何不创办一份文摘刊物，让人们从中获取信息呢？

说做就做，不过当他们申请邮局发行时，得到的答复却是因为还从没有过这类刊物，目前条件还不成熟，还要等一等。

绝大多数申办者就只好等等再说。

但在这些人中,有个叫华莱士的年轻人却没有放弃,他认为:邮局不发行,我可以自办发行呀。他没有等待,而是将订单装入2 000个信封中,从邮局发往各地。

就这样,这位青年创办了当时世界上还很少有的文摘刊物,它一下子拥有了不少的读者,而且市场越来越广阔,它就是有名的《读者文摘》。到2002年,这本刊物已成为世界性的刊物。它用19种文字出版,发行到127个国家,年收入达5亿多美元。

所以,不要怕实践你的梦想,不要因为恐惧而裹足不前,不要等生命走到尽头时,才恍然大悟原来你可能有机会实现梦想,只是你放弃了。有了梦想就不要空想,不妨勇敢地去实践!不要在意别人的嘲笑。如果没有勇气去大胆地尝试,你永远都不会知道自己的潜力有多大!

那么我们所说的执行力,到底是什么呢?执行力指的是贯彻战略意图、完成预定目标的操作能力,是把企业战略、规划转化成为效益、成果的关键。执行力包含完成任务的意愿、完成任务的能力、完成任务的程度。对个人而言执行力就是办事能力。简而言之,执行力就是把想法变成行动、把行动变成结果的能力。

有想法是好事,但是仅仅停留在想的阶段,而不去行动、不去实施，那再好的想法也不可能为自己的人生创造价值。从现在开始，你一旦有一个想法、一个念头，就应该把自己的这个念头记录下来，然后进行完善，使它成为一个具体、明确、可执行的主意、想法、策划，然后制订出自己的具体计划，立刻行动，去实现这个想法。可以先从简单的开始，训练自己立刻行动的特质，只有拥有了这种特质，你才可能逐渐走上成功的道路。

执行力能把想法变成行动、变成结果，是一种非凡的能力。有的人善于做具体的事，善于落实，有的人则不善于。不善于也没有关系，如果你能够找到善于帮你落实目标的人去执行，也是一种方法。

不过在此之前，你一定要有立刻行动的决心，坐而言、坐而思只能形成方法，起而行才可能有成果。

培养积极有效的执行力

你是否经历过以下场景：这周末你准备去市图书馆学习，但是周五晚上，你的死党给你打电话，希望你参加他举办的聚会。你怎么办？是去学习还是去参加聚会？如果你选择后者，那么，这只能说明你是个容易被他人影响的人。

成功学创始人拿破仑·希尔说："生活如同一盘棋，你的对手是时间，假如你行动前犹豫不决，或拖延行动，你将因时间过长而失败，你的对手是不容许你犹豫不决的！"

因此，如果你是一个希望提高执行力和渴望有所作为的人，那么，你就必须努力成为一个有主见的人。在做抉择时，如果你左思右量，那只能延误时机。的确，有时候，思虑周全并不为过，但千万不能瞻前顾后。所谓不要瞻前顾后，就是不要考虑别人如何评价我们、如何看待我们、我们能得到什么回报、得到什么奖励表扬荣誉。

不得不说，工作和生活中的那些拖延者，有很大一部分都是因为缺乏主见，被别人左右行为而在拖延时间、浪费生命。他们太容易被周围人们的闲言碎语所动摇，太容易瞻前顾后、患得患失，以至于任何外来的力量都可以左右他们，似乎谁都可以在他们思想的天平上加点砝码，随时都有人可以使他们变卦，结果弄得别人都是对的，自己却没有主意。

我们在执行时，对世俗复杂的环境我们能避开的就避开，不要轻信别人的胡言乱语，人要有自己的主见，要有坚定的信念，只有自己当机立断，相信自己的判断和能力，远离小人，你的事业才会成功。

生活中有太多会扰乱我们心绪的因素，对此，我们要懂得调节，避免他人的有意干扰。

1.采用稳健的决策方式

有时候,你的大脑可能一个劲地陷入哪个好哪个坏的争论中,事实上没有这个必要,只要没有明确的二者择一的要求,就不必太早决策。

2.要养成独立思考的习惯

不能独立思考、总是人云亦云、缺乏主见的人,是不可能做出正确决策的。如果不能有效运用自己的独立思考能力,随时随地因为别人的观点而否定自己的计划,将会使自己的决策很容易出现失误。

3.坚决按照某种原则执行

利与弊往往是事情的一体两面,很难分割。有的人明明事先已经编制好了能有效抵御风险的决策纪律,但是一旦现实中的风险牵涉到自己的切身利益时,往往就不容易下决心执行了。

4.不要总是什么都试图抓住

过高的目标不仅不能起到指示方向的作用,反而会带来一定的心理压力,束缚决策水平的正常发挥。事实上多数情况下,如果没有良好的决策水平做支撑,一味地追求最高利益,势必处处碰壁。

5.不要怕工作中的缺点和失误

成就总是在经历风险和失误的自然过程中获得的。懂得这一事实,不仅能确保你的心理平衡,还能使你更快地向成功的目标挺进。

6.不要对他人抱有过高的期望

百般挑剔,希望别人的语言和行动都符合自己的心愿、投自己所好,是不可能的,那只会自寻烦恼。

总之,你需要明白的是,培养自己的执行力极为重要,因为机会稍纵即逝,并没有留下足够的时间让你去反复思考,反而要求你当机立断、迅速决策。如果你犹豫不决,就会两手空空、一无所获。

改变阻碍你行动的拖延习惯

在生活中,很多人总是在上演拖延的戏码。拖延者总会给自己找各种各样的理由,如我不知道为什么要去做这件事;太难了;万一失败了怎么办;我肯定不行;我想做得更好点;我为什么要听他的;我不知道该怎样处理和她的感情……这些只是拖延者的最终心理,在事情开始的阶段,他们也有着美好的愿望,但随着时间的推移,他们的心态也发生了变化,最终,他们还是没能将事情完成或者高效地完成。这是一个恶性循环的过程,被我们称为"拖延的习惯性怪圈"。

当然,每个人拖延过程的周期长短是不一的,但大抵情形都是从一个美好的愿望开始,然后到一个失望的结局。如果在过去的几年、一年或者几个月内,你都陷在这个怪圈内,找不到跳出来的出口,那么,你有必要对这个怪圈进行更深层次的了解。

1."这次我想早点开始"

刚开始的阶段,我们往往充满自信,认为自己这一次一定能做到,于是,在着手做这件事之前,我们用这句话给自己打气。我们认为自己一定会按部就班地将这一任务完成。尽管你也明白,你不可能马上就做好这件事,这需要时间,但你还是相信:无论如何,我会努力。也许只有在经过一段时间后,你才会认识到自己正在逐步远离这一愿望。

2."赶紧开始吧"

事情开始的最好时机已经过去了,实际上,你没有认识到自己原来美好的愿望已经不复存在了,但你还是会安慰自己,现在开始还是来得及,所以,你对自己说:"赶紧开始吧。"虽然你有了焦虑的情绪,压力也正向你走来,但你明白,时间还早着呢,不必太担忧。

3."我不开始又怎么样呢"

又过了一段时间,你还是没有做手上的事。现在,盘旋在你脑海中的已经不是那个最初的美好愿望了,也不是那份会让你焦虑的压力了,而是对于是否能完成的忧虑。一想到自己可能完成不了,你开始害怕起来,然后还产生了一连串的想法。

"我该早点开始的。"你明白自己已经浪费了太多时间，你不断地责备自己，你在想，如果早点开始就好了，但后悔也没什么用了。

"做点其他事吧，除了这件……"在这个阶段，你确切地知道自己该做什么事，而你却在逃避这件事，反而去寻找其他一些可以替代的事，如整理房间、按照新食谱去饮食，这些事情在从前并没有那么吸引你，但现在，你狂热地喜欢上了它们，因为这样你能获得一些心理安慰，"瞧，至少我做成了一些事情！"你甚至会产生一种错觉——你原本并没有做到的事也会因为这些事的完美完成而增色不少——当然实际情况并非如此。

"我无法享受任何事情。"已经被你拖延了的事情始终萦绕在你的心头，你也希望通过其他一些事来转移自己的注意力，如看电影、运动、与朋友们待在一起，或者周末去徒步旅行，但实际上，你根本无法享受这些活动带来的快乐。

"我希望没人发现。"时间已经过去很久了，但事情仍旧一点眉目也没有。你不想让他人知道你现在糟糕的状况，所以你会寻求其他种种方式来掩护。你让自己看起来很忙，即使你并未在工作，你也会努力营造一种假象，或许你会避开同事们、离开办公室等，表面看起来，你在为原本的工作忙碌，但只有你的内心知道，事情已经被延误了。

4. "还有时间"

此时,虽然你觉得内心愧疚,但你还是抱着还有时间完成任务的希望,还是希望会出现能完成任务的奇迹。

5. "是我的问题"

此刻你已经绝望了。因为你深知,奇迹不会出现。你的愧疚和后悔都无济于事,你开始怀疑自己:"是我……我这个人有毛病!"你可能会感觉到:是不是在某些方面做得不到位,或者缺了什么,比如,自制力、勇气或运气等,为什么别人能做到呢?

6. "到底做还是不做"

到了这个时候,你只有两个选择了:背水一战或干脆不做了。

选择之一:不做。

"我无法忍受了!"内心巨大的压力让你实在难以忍受,另外,即便立即开始做,顺利完成的希望也十分渺茫。于是,你干脆告诉自己:"算了,放弃吧。"并且,你还会自我安慰:"反正都没用了,何必庸人自扰呢?"最后,你逃跑了。

选择之二:做——背水一战。

"我不能再坐等了。"此刻,压力已经变得如此巨大,你已经认识到时间的重要性,你这样告诉自己:"哪怕一秒也不能浪费了"。你后悔自己浪费了时间,你感到哪怕最后搏一把也比什么都不做强得多，于是，你决定再努力一把。

"事情还没有这么糟，为什么当初我不早一点开始做呢？"你对事情的难易程度又做了一次评估，你惊讶地发现，虽然它很困难，却也没想象中的那样痛苦，而且最重要的是，现在的你已经着手在做了，这让你觉得充实很多，你也为此松了一口气。你甚至找到了其中的乐趣，所有你所受的折磨看来根本是不必要的。你会问自己："为什么当初我没有上手做呢？"

"把它做完就行了！"离原本胜利的目标不远了，事情马上要做完了。你从未觉得时间如此重要，你不容许自己浪费一分一秒。这就好比一场冒险游戏，当你沉浸其中，发觉时间不足时，已经没有任何多余的时间去进行计划、思索了，你把所有精力都放到了如何将这件事完成上，而不是仍想着将事情做到最好。

不用等待装备齐全再出发

对于人生，一千个人一定有着一千种不同的设想和奢望，然而这一千个人中能够如愿以偿拥有自己想要的生活的，却少之又少。生活不如意十之八九，而人们对于人生奢望过高，才是生活不如意的根本原因。也正因为对不可重来的生活从不愿意妥协，所以人们对于人生的态度才如此的较真，时时处处都不能放松，最终弄得我们身边的人也变得紧张不已，甚至无法与我们好好地相处。很多人对于人生的态度，就像是一个怀春已久的少女面对自己隆重的婚礼，恨不得每个细节都完美无瑕；又像是一个奋斗了大半辈子好不容易买了房子的家庭主妇，总觉得自己的房子配得上金砖银砖的镶嵌。实际上，我们必须承认人生不可重来，每个人都只有一次机会。然而，我们也要认识到，人生经不起等待，不可能等待装备齐全再出发。诸葛亮万事俱备只欠东风的谋划，在人生之中永远也不可能出现。很多时候，我们哪怕只有百分之十成功的可能性，也因为没有退路，只能坚决地朝前走去，从而奔向人生未知的前程。

每个人在人生中都会面对各种各样的困难和障碍。对于大的困难，也许需要拼尽全力并且借助于他人的力量才能解决，而对于那些看似不起眼实际上给人造成巨大困扰的小困难，我们则需要开动脑筋，让自己变得更加灵活机智，才能从容地解决问题。例如，挺着大肚子的女人在路上突然分娩；刚刚成为妈妈的女人不得不忍受着乳头的剧痛给孩子哺乳；初入职场的人遭遇上司和同事的冷遇，或者在完成某项工作中非但没有得到预期的赞扬反而遭到意外的批评和否定，这些都属于人生中无数次艰难的第一次中的一次或者几次。这样的故事讲给他人听，大概只会引来他人善意的嘲笑，而发生在我们自己身上，却会使我们感到非常艰难，而且万分沮丧。然而，不管我们采取何种态度面对这些艰难坎坷，一切事情都会发生，而且不会改变。所以面对这些他人眼中最稀松平常的事情，我们必须勇敢地承担一切，也要做好准备面对过程中的所有磨难。

1888年，正值金秋，伯莎·奔驰做了一件惊天动地的事情。她变卖了从娘家带来的丰厚嫁妆，用所得的钱给丈夫用来进行汽车研发。她不但是妻子，更是丈夫不折不扣的合伙人。哪怕当时的民众还很抵触汽车，她却坚定不移地相信丈夫一定能够取得成功。为了向民众证明她的信心，她居然在某一天驾驶汽车带着两个年幼的孩子奔赴100千米之外的娘家。要知道，当时的汽车制造技术还很不成熟，伯莎一路上遭遇了很多困境。一开始，她的燃料用完了，她不得不在半路上四处寻找能购买石油的地方。后来，汽车的链条又坏了，她四处寻找铁匠铺，好不容易才找到铁匠修补链条。一路上，也许是因为路况差，也许是因为紧张，她还没到家就用光了刹车片，她不得不在堡适洛特四处寻找修车铺，好不容易才换好了刹车片。

总而言之，汽车在一路上故障不断，伯莎不得不依靠自己的智慧解决问题。她也不知道自己是如何想出那些稀奇古怪的办法解决问题的，尤其是当汽车在无人区发生故障时。她更不知道自己哪里来的勇气去面对。就这样，从清晨出门，到傍晚时分，伯莎和孩子们好不容易来到外婆家，孩子们简直饿坏了，第一时间冲进厨房找食物吃，而伯莎则给丈夫发了电报，告诉丈夫她已经带着孩子们完成了这次对于人类历史而言都具有划时代意义的旅行。

在汽车技术不够成熟的时代，伯莎就有勇气带着孩子们驾车行驶一百多千米。在出发前，她一定不知道自己在旅程中将会遇到怎样的困难，但是这一切都不能阻挡她的信心、决心和勇气。就这样，她和孩子们一起完成了这次具有划时代意义的旅行，也用实际行动告诉人们汽车是多么新鲜和伟大的新生事物。和伯莎相比，我们在人生中面对的困难和障碍显然微不足道。所以朋友们，不要再等到万事俱备才启程，人生经不起等待，唯有勇敢地迈开大步，果断地前行，才能不断地成长。

人生如同登山，也许我们没有最好的装备，但是我们有着信心和勇气。试想，那些能够勇敢攀登珠穆朗玛峰的人，一定不是因为拥有最好的装备才获得成功的，相反，是因为他们心中有希望，有必胜的信念，也有坚定、勇敢、决不放弃的人生品质。

没有超人胆识，不会有超凡的成功

我们都知道，每个人都有巨大的潜能，也都有自己的梦想，然而，生活中，面对梦想，有些人感叹：其实我并不喜欢现在的生活，我有自己的梦想……谈了一大堆的计划，一大堆的梦想之后，他们并没有去实践，如果你问他们，他们还会摇摇头说：不行啊、无奈啊、没办法啊、困难太多了……真的没办法吗？既然无力改变又何必总是埋怨？既然不敢面对困难，又何必牢骚满腹？

当你对工作、对生活有了最初的梦想，你是不是能够大胆地去实践？还是仅仅把它作为一个遥不可及的梦想，最后只能默默地埋藏在心底，到老了才感到莫大的遗憾？

其实，我们每个人都应该为梦想而努力，只要想做，就排除万难，实施并坚持下去，那么你就能做成。这正是行动的作用。贝尔博士曾经说过这么一段至理名言："想着成功，看着成功，心中便有一股力量催促你迈向期望的目标，当水到渠成的时候，你就可以支配环境了。"

杰斐逊是一名普通的汽车修理工，靠这份工作勉强生活，但是他的目标并不在此，他希望自己能拥有一份更好的工作。

一次，他打听到，汽车城底特律正在招聘员工，他心想，可以前去试试。当时招工启事上所写的招聘日期是星期一，所以，他在前一天下午就到了底特律城。

晚饭后，他一个人待在旅店里，突然静下心来，开始想到很多事，很多过去经历的事像电影般在脑海中播放了一遍。突然间，他感到一种莫名的烦恼，他自认为自己头脑灵活、做事勤快，为什么到现在仍一事无成呢？

接下来，他从包里拿出来纸笔，然后写下了几个人的名字，这些人和自己年纪相仿、认识已久，关键是比自己优秀，其中有两位曾是他的邻居，而如今却搬到富人区去了，还有两位是他以前的老板。

他扪心自问：到底自己在哪方面不如他们？自己真的笨吗？倒不尽然，经过很长一段时间的反思后，他找到了问题所在——自己性格情绪的缺陷。他承认，在这一方面，自己确实不如他们。

想着想着，时间过去，竟然已经到了凌晨3点多了，他却越发睡不着，他觉得这些年来，他第一次认清了自己，看到了自己致命的缺点，自己很多时候不能控制自己情绪的缺陷，如爱冲动、自卑、不能平等地与人交往等。

所以，他为这一问题检讨了自己一晚上，他才发现，自己是一个极不自信、妄自菲薄、不思进取、得过且过的人。他总是认为自己无法成功，也从不认为能够改变自己的性格缺陷。

最终，他下定决心，从那一刻开始，绝对不会再自贬身价，认为自己不如人了，只有先完善自己的性格缺陷，才有可能变得优秀。

第二天一大早，他抬头挺胸地来到了这家公司，信心满满地前去面试，果然顺利地被录用了。在他看来，之所以能有这样一个工作机会，就是因为头一天晚上他做了自我检讨并认识到了自信的重要性。

在工作的两年内，杰斐逊逐渐变成了一个受大家欢迎而且能力出众的人，大家都喜欢这样一个乐观、自信和积极热情的杰斐逊，两年后，他加了薪水，又升了职，成为一个小有成就的人。

可见，勇敢地尝试新事物，做出改变，可以帮助我们发现新的机会，使你迈入全新的领域。生命原本是充满机会的，千万不要因为放弃尝试而错过机会。

不得不说，我们不敢为梦想拼搏，多半是害怕失败、没有排除万难的勇气，而当你发觉不得不改变的时候，你已经失去了很多宝贵的机会。任何成功都源于改变自己，你只有不断地剥落自己身上守旧的缺点，才能做到敢为人先，才能抓住每一个机会，才能实现自己的进步、完善、成长和成熟。

我们大多数人都与梦想渐行渐远。为什么呢？因为我们都认为梦想终归是梦想，只把它当成了遥不可及、无法实现的目标，而始终没有为梦想做出努力。失败者能找出很多实施过程中的困难。例如，我没有足够的资金开创自己的事业；我的学历不高；竞争太激烈，做这个太冒险了；我没有时间；我的家人不支持我……而没有足够的资金，没有学历，没有这个那个，其实都是冠冕堂皇的借口。别忘了那句最常听说却最容易被忽略的话：事在人为。

事实证明，如果能够跨越传统思维障碍，掌握变通的艺术，就能应对各种变化，在变化中寻找到新机会，在变化中获取新利益。在我们的生命中，有时候必须做出困难的决定，开始一个新的过程。只要我们愿意放下旧的包袱去学习新的技能，我们就能发挥自己的潜能，创造新的未来。我们需要的是自我改革的勇气与再生的决心。

另外，在你进行尝试时，难免会遇到困难，但对此，你必须要从心理上克服它，从行动上战胜它，你才能站在高高的位置上，低头俯视你的问题。

可见，如果你不敢改变现在的生活，没有超人的胆识，就不会有超凡的成功。

第八章

坚持到底，努力拼搏到感动自己

做好准备，成功就在拐角处

很多时候，我们为了做一件事情，进行了1 009次的努力，然后我们再也没有信心继续努力，于是选择了放弃。如果肯德基爷爷和我们一样只坚持了1 009次，那么他就不会成功。因为，他恰恰是在第1 010次尝试时才获得了成功。行百里者半九十。很多成功，都在我们无法继续坚持下去的下一刻，也许只需要我们再努力一次，就能够获得期待已久的成功。

你满怀激情，怀抱梦想，那么，你准备什么时候开始实现梦想呢？你也许会说自己还没有准备好，还在等待时机的到来。殊不知，等待是最消磨意志力的事情。你必须当机立断，马上开始行动起来，才能让梦想保持新鲜的活力，才能让自己始终拥有实现梦想的勇气。对于年轻人来说，最可怕的事情莫过于热血澎湃地计划未来，却在等待中把自己的信心和激情消耗殆尽，最终不了了之，陷入绝对的失败境地。所谓绝对的失败，就是没有开始的失败。这种失败从精神上打垮年轻人，让他们斗志全无。

每一个成功人士的背后，都是无数次的失败。他们之所以能够获得成功，是因为他们坦然接受失败，并且将失败变成自己进步的阶梯。从失败中积累的经验、汲取的教训，对于我们行走人生之路大有裨益。

很多成功的人都知道：拖延就是死亡。成功总是在我们行进的过程中，躲在拐角处偷偷地注视着我们。而拖延使我们根本没有机会来到成功等待我们的地方。任何事情，一旦想好了就必须马上行动起来。很多人的习惯都是拖延，这也是他们无法获得成功的根本原因。拖延是对成功最决绝的拒绝。在等待中，很多人庸庸碌碌，蹉跎了一生。成功禁不起等待，只有奔跑的速度，才能让我们在拐角处邂逅它的身影。

在追求成功的道路上，我们不但需要速度，也需要学会改变思路。在竖立鸡蛋的游戏中，很多人尝试了无数次，都没有把鸡蛋成功地立起来。只有哥伦布，只是轻轻地把鸡蛋的壳磕碎，使其拥有平整的底部，鸡蛋就轻而易举地立起来了。这就是拐角处的成功。虽然只是小小的成功，却告诉我们一个深刻的道理：人生并非只有直路，有的时候也需要拐弯。

人生就是如此，并非永远是顺境。年轻人，当遭遇人生的逆境时，千万不要因此而沉沦绝望，而要努力地鼓起勇气，再接再厉。很多时候，事情的转机就出现在最糟糕的情况下，当然，前提是你不放弃、不气馁。成功就在拐角处，你做好准备迎接它了吗？

持之以恒，方能善始善终

自古以来，是否有恒心被认为是一个人心理素质优劣、心理健康与否的衡量标准之一，也是人生未来能否成功的关键因素之一。恒心，它与意志品质的其他方面，如主动性、自制力、心理承受力等有一定的关系。初入社会的年轻人，应当着力培养自己的恒心，这样，做任何事，才能善始善终。

王阳明有言："我辈致知，只是各随分限所及。今日良知见在如此，只随今日所知扩充到底；明日良知又有开悟，便从明日所知扩充到底。如此方是精一功夫。"在他看来，一件事在开始之后要想有始有终，需要的是毅力和恒心，许多事往往在一开始凭的是一股子冲劲，后来随着时间的推移，慢慢就觉得厌烦了。

很多人都明白，人与人之间的才智差别并不是很大，但许多看上去才智不佳的人取得了成功，而许多本来才智高超的人却很落魄。原因并不是做事能力差，而是成功者能够认认真真地把事情做到最后，而失败者却总是见异思迁，什么事都只能做一点点或做到一半，便放弃了，在他的人生里留下了许多的"半截子"工程。实践证明，如果每个人都能够一心一意做事并坚持到最后，许多事情都会有好的结果。

有不少人尤其是年轻人，开始做事时，他们的热情高涨，但这股热情很快就会被接踵而来的困难消磨殆尽，或者做事情三分钟热度一退，就马上改变了主意，这山望着那山高，于是放弃原来的计划而开始了新的行动，他们就是这样无休止地做着有头无尾的事情，以至于留下无数的"烂摊子"。他们不能获取成功，因为他们不能把自己的行动和愿望贯彻到底。聪明的猎人不仅能发现猎物，而且会追踪并最终抓获猎物。

做到善始又善终，必须有执着追求的精神。一个人如果在为人处世上都做到了善始善终，就意味着他必然是生活的强者，也必然能够收获平静而幸福的人生。

一个人如果做人和做事不具备善始善终的素质，就意味着他是生活的弱者，无论他曾经有过怎样的风光和辉煌，他的人生都将充满悲伤与苦难。

半途而废，注定一事无成

俗话说：有志者立志长，无志者常立志。这句话的意思是说，有志气的人一旦立志，就会坚定不移地去做，即使遇到困难也不退缩，而没有志气的人呢，他们经常立志，却没有毅力去做，所以经常放弃。毫无疑问，做同一件事情，一定是有志气的人才能做成功，没有志气的人只会像寒号鸟一样天天哀号。其实，这个世界上没有任何事情可以一蹴而就，包括一段感情，一份工作。没有时间的投入和全心全意的坚持，不管是在感情上还是在工作上，你都会徒劳无获。

那么，有什么事情能够一帆风顺，直抵成功吗？答案是没有。我们做任何事情，都会遇到困难。之所以结果不同，是因为每个人面对困难的态度不同，有的人知难而退，有的人迎难而上。毫无疑问，大多数成功者是迎难而上的人。他们都有足够的勇气，能坚持不懈地去努力，即使遭遇很多坎坷和挫折，也绝不轻易说放弃。

古代，乐羊子离开家乡，辞别妻儿，独自外出求学。因为出门在外的生活实在太艰难了，求学的道路也充满坎坷，他很快就开始思念家乡，想念妻子儿女，终于在求学一年之后放弃，回到家乡。当风尘仆仆的乐羊子回到家中时，妻子正在织布。看到乐羊子背着沉重的行李走进家门，妻子丝毫没有觉得惊喜，而是满脸诧异。她问："你怎么回来了？学业结束了吗？"乐羊子笑着说："我不想继续求学了，我想回到家里守着你和孩子。"妻子一语不发，拿起身旁用来裁剪布匹的锋利剪刀，二话不说把自己正在编织的一块精美布匹剪断了。

乐羊子心疼不已，要知道这可是妻子辛辛苦苦昼夜不息才编织出来的布匹啊，家里还指望着这块布匹卖钱呢。为此他疑惑地喊道："这块布匹马上就要完成了，你为什么要这么做啊！"妻子严肃地说："这块布的确即将完工，但是因为我从中间将其剪断，所以它就成为毫无用处的废物。你求学也是这样的道理，学业进行过半，你却选择放弃，那么无异于前功尽弃，前面所有的努力也就白费了。现在的你，就像这块已经成为废物的布匹一样，再无半点用处。"妻子的话让乐羊子陷入沉思，他马上理解了妻子的苦心，因而说："你放心吧，我会继续努力的，我现在就回去，继续学业。"说完，乐羊子背起行囊踏上了求学的归途。

妻子一语惊醒梦中人，使乐羊子知道学业半途而废的严重后果。尽管妻子为此废弃了自己辛苦编织出来的一块布匹，但是如果能换取丈夫的远大前程，也是值得的。由此也不难看出，乐羊子的妻子是一个深明大义的女人，可以说乐羊子学有所成与妻子的督促和鞭策是分不开的。

做任何事情都忌讳半途而废，因为倘若没有开始做，那么至少还不曾付出，放弃的损失比较小。但是如果事情已经进行到一定程度，已经付出很多，这个时候再选择放弃，无疑会导致前功尽弃、损失惨重。而且，做事情一定要有头有尾，半途而废只会导致人们失去自信心，并且逐渐偏离既定目标，导致人生没落。

总而言之，做任何事情，都必须有坚持到底的精神，如果一旦遇到小小的挫折就半途而废，则人生注定一事无成。

只要坚持，梦想总是可以实现的

古人云："有志者，事竟成，破釜沉舟，百二秦关终属楚；苦心人，天不负，卧薪尝胆，三千越甲可吞吴。"这句话的意思就是，只要我们坚持到底，无论梦想多大，都有实现的可能。我们经常会发现有许多人在做事最初都能保持旺盛的斗志，然而，随着遇到的挫折增多，他们变得懈怠，热情也退却了，最终放弃了希望，失去了自己应有的成功。

的确，某些工作看起来平凡不起眼，但只要我们能坚忍不拔、坚持不懈地去做，那么，这种持续的力量就能帮助我们获得事业的成功。

当然，在坚持的过程中，你可能会遇到一些压力和困难，但你要明白的是，如果此时你以超强的意志力再坚持一下，那么也许转机就在下一秒。这正如巴甫洛夫曾说的："如果我坚持什么，就是用炮也不能打倒我！"

很久以前，在一个偏僻的小山村里，有一对堂兄弟，他们年轻力壮，雄心勃勃。他们渴望成功，希望有一天能够成为村里最富有的人。

一天，村里决定雇用他们二人把附近河里的水运到村广场的水缸里去。这对他们来说真是一份美差，因为每提一桶水他们就能赚取一分钱，这在小村里是最好的工作了。两个人都抓起水桶奔向河边。

"我们的梦想实现了!"表哥布鲁诺大声地叫着,"我简直无法相信我们的好福气。"

但是表弟柏波罗不是非常确信。他的背又酸又痛,提那重重水桶的手也起了泡。他害怕明天早上起来又要去工作。他发誓要想出更好的办法。

几经琢磨之后,表弟决定修一条管道,将水从河里引到村里去。他把这个主意告诉了表哥,但是表哥觉得他们现在正做着全村最好的工作,不愿意花那么长的时间去修一条管道。柏波罗并没有气馁,他每天用半天时间来提水,半天时间修管道,并且始终耐心地坚持着。布鲁诺和其他村民开始嘲笑柏波罗。布鲁诺赚着比柏波罗多一倍的钱,开始热衷于炫耀他新买的东西。他买了一头驴,配上全新的皮鞍,拴在他新盖的二层楼旁。

他买了新衣服,在乡村饭店里吃着可口的食物。村民们称他为布鲁诺先生。他坐在酒吧里,为人们买上几杯,而人们为他所讲的笑话开怀大笑。

当布鲁诺晚上和周末睡在吊床上悠然自得时,柏波罗还在继续挖他的管道。前几个月,柏波罗的努力并没有多大进展。他工作很辛苦,比布鲁诺的工作更辛苦,因为柏波罗晚上和周末都在工作。

一天天、一月月过去了。表弟柏波罗仍然没有放弃，完工的日期越来越近了。

偶尔，柏波罗闲下来的时候，也会看看布鲁诺，他发现，布鲁诺还在费劲地运水。布鲁诺似乎苍老了很多，背都驼了，步伐也沉重起来了，并且，他开始抱怨，总是气呼呼的，他不想就这样一辈子运水。

布鲁诺再也不会因为他有大把的时间在吊床上睡觉而感到惬意了，他喜欢泡在酒吧里。现在，当布鲁诺出现的时候，人们都会在背地里议论他："提桶人布鲁诺来了。"那些无聊的醉汉还模仿布鲁诺驼着背走路的样子，布鲁诺羞愧难当，也不再给别人买酒，那些曾经的笑话现在在他看起来就是最大的讽刺。

而此时，表弟柏波罗正在接近成功——管道马上要完工了！村民们纷纷前来看新管道是怎样运行的，他们看到，清澈的水从管道流入水槽里，整个村庄都有了新鲜的水，因为这条管道，其他村庄的人也都陆续搬到这个村来。

管道一完工，柏波罗就不用再提水桶了。无论他是否工作，水都会源源不断地流入。他吃饭时，水在流入；他睡觉时，水在流入；当他周末去玩时，水仍在流入。流入村子的水越多，柏波罗口袋里的钱也就越多。

"管道人柏波罗"逐渐打出了名气，人们称他为奇迹创造者。

人们常说，鱼与熊掌不可兼得，其实，做任何事情都是如此，想要日后达成目标，现在就要忍受痛苦，坚持下去。

任何人、任何事情的成功，固然有很多方法，但最根本的就是坚持。不管遇到什么困难，只要风雨无阻并相信自己能成功，就一定能迎来曙光、迎来成功。而相反，如果我们老在前进的道路上给自己设置重重的心理障碍，总是让自己刚迈出的脚步又退回原点，那么我们又如何战胜压力，走向终点呢？唯有抱着一种不怕输、不认输的精神，有一种失败后再坚持一下的勇气，最终才能获得成就。

事实证明，任何一个取得成功的人，都付出了超乎常人的努力。一个人要想获得人生的幸福，就要每一天都勤奋工作。付出不亚于任何人的努力是一个长期的过程，只要坚持就一定能够获得不可思议的成就。

继续坚持，成功会不期而至

人生路上，很多人之所以失败，并非因为他们没有天赋，也不是因为他们缺乏信心和勇气开始，而只是因为他们的毅力差了那么一点点，导致他们在距离成功只有一步之遥的时候，选择了放弃。从这个角度来说，人与成功之间也许只差一点点毅力，在努力付出之后，也许只要继续坚持下去，成功就会不期而至。

作为举世闻名的发明大王，爱迪生把整个世界的人们都带入了光明。然而，很少有人知道爱迪生仅仅为了寻找合适的灯丝材料，就尝试了一千多种材料，进行了七千多次实验。直到最后，他才成功找到了最合适的灯丝材料，为整个世界带来了光明，也因此为全世界的人所敬仰和铭记。试想，如果爱迪生缺乏毅力，在尝试了几十种灯丝材料后就被失败打击得体无完肤，也完全不愿意继续尝试了，那么电灯终究还是会问世，但是却会晚很长一段时间。不得不说，爱迪生之所以能够成功，与他的坚持不懈是密不可分的。

现实生活中，很多人抱怨自己运气不好，甚至因此而放弃努力，但是他们是否问过自己：我可曾经历过成百上千次的失败？我可曾给自己更多的勇气和毅力，让自己在成功到来前能够继续坚持下去？如果答案是否定的，那么你一定要继续努力。如果答案是肯定的，那么你还是需要鼓起十二分的勇气继续努力。要相信，当努力到一定程度，奇迹总会出现。退一步而言，哪怕最终的结果不能让你满意，你也要坚信自己从失败中收获了宝贵的经验，这是任何不作为的人都无法得到的。

1907年，曾经成功横渡英吉利海峡的查德威克想要从卡德纳岛出发，横渡海峡，到达加利福尼亚。她想挑战自己，再

第八章
坚持到底，努力拼搏到感动自己

次创造举世瞩目的成绩。然而，约定挑战的日子到了，当天的天气并不好，海面上浓雾弥漫。查德威克在冰冷刺骨的海水中坚持了十六个小时，浑身冻得瑟瑟发抖，体力也逐渐耗尽，但是她没有看到岸边，她的眼前依然弥漫着浓雾。她不由得心灰意冷，觉得自己难以按照预期游到岸边，因而变得沮丧，甚至没有力气再挥动手臂。为此，心灰意冷的她对跟随的船只说："我不想继续游了，拉我上船吧！"这时，母亲和教练所在的船只也来到她的身边，母亲和教练不约而同地鼓励她："再坚持一下，马上就到岸边了，只有一英里了。"查德威克根本不相信母亲和教练的话：如果距离岸边只有一英里，怎么可能看不到岸边呢？查德威克坚持要上船。到了船上，人们马上递给她热茶，还不等茶凉，她就发现海岸近在眼前。

原来，距离岸边真的只剩下一英里了，只是因为浓雾弥漫，查德威克才看不到岸边。查德威克很懊悔，虽然她在距离岸边只有一英里时才上船，但是她这次横渡海峡的任务还是失败了。时隔不久，查德威克又选择了一天横渡海峡，这次她坚持不懈，最终成功地游到了岸边。

常言道，行百里者半九十。这句话告诉我们，一个人即使把一百里路坚持走完了九十里，也相当于完成了一半的路程，根本没有走完全程。就像事例中的查德威克，哪怕距离岸边只有一英里，她也与成功沾不上边。其实，不管做任何事情，毅力都是必不可少的，哪怕只是小小的成功，也离不开毅力的支撑作用。当然，毅力并非成功的充要条件，而只是成功的必要条件。正如人们常说的，万事俱备只欠东风，只有东风并不能保证事情成功，然而在一切因素都具备之后，必须东风到才能让成功也马上到，这就是毅力与成功之间的关系。所以我们所说的毅力保证成功，是在其他成功因素都已经具备的情况下，而不能片面地看待。

纵观古今中外，大多数成功者都是有毅力的人。他们并不是因为天赋异禀或者得到命运的青睐才成功的，而是因为他们在面对艰难坎坷的时候总是坚持不放弃，所以才彻底征服了命运，收获了自己的精彩人生。从无数成功者以毅力书写的成功传奇中，我们不难得到一个道理，那就是成功者需要顽强的毅力才能攀登上人生的巅峰，也才能创造生命的奇迹。

成功的秘籍是坚持到最后一秒

常言道，金无足赤，人无完人。每个人都有缺点，也有优点，我们需要做的不是只盯着他人的缺点，也不是只盯着自己的缺点。盯着他人缺点的人，必然无法看到他人的长处，无形中就会轻视他人，而盲目地高看自己。盯着自己缺点的人，因为看不到自己的优点，所以也无法客观认知和评价自己，导致错失良机，也逐渐变得自卑沮丧，无法抓住擦肩而过的各种好机会。

其实，一个人即使再优秀，也不可能十全十美，他们总是能力有限，或许能摆平很多难题，但是这个世界上总有一个难题会把他们难倒。同样的道理，一个人就算再卑微，能力也有欠缺，但他们也是有自身的长处和优点的。任何情况下，只要他们坚持自己的所长，把自己擅长的事情做到极致，那么他们的人生就会变得与众不同。从这个角度而言，不管你们对于自己的人生是满意还是遗憾，都不要放弃人生，而要坚持不懈地努力，不到最后一刻绝不放弃。很多喜欢看好莱坞大片的朋友都知道，很多主角的表演精彩绝伦，塑造的形象栩栩如生，这是因为他们哪怕面对再大的艰难坎坷，也绝不轻易放弃，而是以顽强的精神坚持到最后一秒，直到取得胜利为止。这甚至成为好莱坞硬汉精神的代表。

在现代职场，太多的人对自己的命运不满意。他们总是怨声载道，觉得自己生不逢时，或者一味地抱怨公司的制度不公平，这山望着那山高，总觉得月亮都是别的地方更圆。实际上，这样的心态除了使人愤愤不平和轻易放弃之外，对于职业发展没有任何好处。要知道，抱怨无法解决问题，唯有不抱怨，任劳任怨，主动地提升和完善自我，才能获得更好的发展。有的时候，成功并非要做出什么惊天动地的大事情，哪怕把简单的事情做到极致，也同样能获得成功。常言道，三百六十行，行行出状元，说的就是这个道理。

牛顿说过："胜利者往往是从坚持最后5分钟的时间中得来的成功。"世间最容易的事也是最难做的事，最难做的事也是最容易做的事。很多没有成功的人最怕的就是那种没成功之前痛苦的折磨，最终半途而废。都说"黎明前是最黑暗的"，其实在成功之前也是最寂寞的。只有你耐得住成功之前的寂寞，静静地品味此时的滋味，才能跨越成功所必须经历的障碍。

上课铃响了，刘老师走进了五年级二班的教室，这节课的内容是关于如何获得成功的。他告诉学生，要想获得成功，最重要的一点就是愿意为目标一而再、再而三地不断努力。

"重复真的是一件令人烦恼的事情！"李林说道。

"是呀，如果老是受挫，我会很灰心。"张涵说。

"同学们，"刘老师说，"半途而废终究一事无成，而且你将会失去很多锻炼自己的机会。还记得发明电灯泡的爱迪生吗？据说他尝试了1 000多次才获得最后的成功。你们试想一下，如果他在尝试了50次、500次甚至800次之后，因为厌烦或灰心而放弃了，世界会变成什么样？"

"看来我应该在体育课上继续练习投篮。"李林说。

"没错。"张涵说，"我也要继续努力，把字写得漂亮一点。"

"说得很好!"刘老师说,"如果一开始你失败了,那就继续努力,再接再厉。灰心丧气,放弃认输,就意味着你肯定无法实现目标,但继续努力则表示你又多了一次成功的机会。当你最后成功的时候,哪怕之前你失败了1 000次,你也会对自己充满信心,这不止是因为你获得了成功,还因为你拥有一种锲而不舍、永不放弃的精神。"

成功,说起来容易做起来难,因为成功之前需要经历一定的磨难和失败,许多人之所以做事情以失败告终,主要原因就是在成功之前因承受不住磨难而倒下,既然倒下"认命",那何谈成功呢?就像刘老师说的"要想获得成功,最重要的一点就是愿意为目标一而再、再而三地不断努力",你必须承受住成功之前的寂寞和痛苦,否则你也担负不起成功时的荣耀。

朋友们,我们在前行的道路上会经历很多的事情,但是我们应该明白,如果半路放弃,那么前面所做的一切将会前功尽弃,所以说无论何时都不要被挫折打败,要做一个经得起打磨的人。正所谓"行百里者半九十",越接近终点就越难走好。这就告诫我们,做事情要持之以恒,善始善终,越接近成功就越要认真对待。

第九章

重塑自我，不断挖掘自我价值

展示自我价值，确立你的位置

现代社会，人才辈出，这就决定了职场上的竞争越来越激烈。在职场上，每个人都削尖了脑袋想往上爬，殊不知，一个人在职场上的地位，并非仅仅取决于其能钻营的程度，而是取决于其价值。和几十年前的情况不同，现代社会的每一家企业，再也没有所谓的大锅饭；每一个岗位，只有实现自身的价值，才有存在的理由。也正因如此，现代社会的每个人都要最大限度地发挥自己的能力，展示自己的价值，才能如愿以偿地获得相匹配的地位。

因而，要想在现代职场叱咤风云，不但要选择适合自己的工作，努力提升自己的能力，完善自身，也要学会最大程度地实现自己的价值，为公司做出一定的贡献。所谓存在即合理，虽然这句话是真理，但是并不适用于现代职场。在现代职场上，存在的不一定是合理的，随着不断地优胜劣汰，存在的也有可能被淘汰。归根结底，只有有价值的存在，才是合理的，才能得到他人的认可和尊重。

艾琳大学毕业后就进入现在的这家广告公司工作，由于她特别有创意，而且才思敏捷，很快，她就成为策划部的重点培养象。很多时候,有了大项目,老总都会钦点艾琳为策划人。

然而,尽管艾琳在工作上表现非常出色,但是在待遇上始终不上不下,不但职位没有晋升,而且连一点奖励都没有。原来,艾琳与她的顶头上司——策划部主管玛丽性格不合,彼此都看不上眼。玛丽之所以现在还留着艾琳,无非想利用艾琳的才华,如若不然,她早就把艾琳从公司里排挤出去了。艾琳对此也心知肚明,不过官大一级压死人,她从未因此与玛丽正面冲突,而是更加努力地工作,暗暗等待机会扬眉吐气。

一次,玛丽亲自做了一个项目,并且在老总面前拍着胸脯保证一周之内就与客户签约。然而,眼看着两周的时间都过去了,玛丽始终没有拿下客户。看着火急火燎的老总,玛丽也着急了。无奈之下,她只好请艾琳帮她完善策划案。艾琳对此暗自窃喜,却没有表现出来,而是推托自己也很忙。直到玛丽低声下气地请求她,艾琳才提出了两个条件:一是提高薪资待遇;二是她要当项目负责人并且享有对项目的自主权。玛丽当然知道艾琳是在趁火打劫,不过她已经火烧眉毛了,根本无法提出异议,只能答应了艾琳的要求。从此之后,艾琳独自带领团队策划项目,很快就在老总那里得到了夸赞。后来,老总更是成立了策划二部,让艾琳与玛丽成为平起平坐的同事和竞争对手。

在这个事例中,艾琳在羽翼没有丰满的时候,一直养精蓄锐，等待机会。后来，玛丽遇到难题，不得不向艾琳求助，艾琳正好借此机会将了玛丽一军，也让玛丽知道了她的厉害。对于艾琳，相信玛丽以后一定会敬畏三分，一则是因为艾琳在业务能力上的确出类拔萃，二则也是因为艾琳非常聪明，能够找准时机为自己出口恶气。

人在职场，受到委屈是在所难免的。尤其是能力很强的人，更是容易树大招风，遭到他人的嫉恨。所谓明枪易躲，暗箭难防，在这种情况下遭遇他人的陷害，很容易受到伤害。我们需要更加沉着冷静，就像事例中的艾琳一样，先避免以卵击石，直到合适的机会出现，再出手拯救自己。

在职场上，你们是否也受到过各种不公正的待遇呢？常言道，路遥知马力，日久见人心。任何时候，我们都不要自暴自弃，更不要急于求成。唯有潜下心来努力提升自己各个方面的能力，并且伺机寻找最恰到好处的机会，我们才能一鼓作气，证实自己的能力，也为自己赢得最佳的地位。归根结底，现代社会既不看人情和面子，也不会因为任何特殊原因眷顾某个人。我们要想出人头地，得到他人的认可和尊重，就必须最大限度发挥自身的能力，从而帮助自己赢得更高的地位，并肩负起更重要的责任。

默默准备，等待机会亮出底牌

喜欢打牌的人都知道，在牌桌上，尤其是在生死存亡的关键时刻，我们必须牢牢揸住自己的牌，不到最后时刻，绝不随意摊牌。这是因为，一旦别人看到了我们的底牌，就会早作准备，从而使我们的底牌无法发挥重要的作用，反而成为别人战胜和制服我们的阶梯。

所谓底牌，必须出其不意，攻其不备，才能起到更好的效果。因而，曾经有人说，你能走多远，完全取决于你的底牌。从心理学的角度来讲，一个人未来将会有多大的发展，与其把握的底牌也是息息相关的。尤其是在与对手博弈的过程中，很多人之所以能够在最后时刻扭转局势，扭亏为盈，就是因为他们有能够一招制敌的底牌。

也许有些朋友会问，只要我们绝对保留实力，就能做到以底牌取胜吗？当然不是。现代职场非常讲究实力，假如你一味地藏巧露拙，也说不定会令他人误以为你毫无能力，最终对你失望！尤其是在进入新公司的时候，我们更是应该在最短的时间内适当展示自己的实力，这样才能帮助我们顺利渡过试用期。我们在此期间展示的各种能力、水平，就像是敲门砖一样，能够帮助我们获得那些至关重要的大人物对我们的认可和欣赏。一个人，只有被接受，才能有更多的机会展示自己深层次的能力。这也是现代社会很多人都觉得学历无用，但是很多情况下没有学历又是万万不可的。

然而，对于下属而言，把自己像透明人一样展示在领导面前，结果未必是好的。其实，人与人之间总要保持着一定的距离，这样才能以神秘感吸引他人，才能让他人惊喜地发现我们身上蕴含的宝藏。假如我们能够在恰到好处的时候才亮出自己的底牌，就能给上司留下美好而又深刻的印象，甚至彻底改变我们的人生。

作为英语专业的硕士，小梦毕业很久都没有找到心仪的工作。她原本很想进入一家大公司专门负责外事活动，遗憾的是，那家公司已经有了专门从事对外工作的人。思来想去，小梦决定曲线救国。先是进入那家公司当了一名普通的办公室行政文员，然后寻找机会转到专门负责对外工作的部门。

足足一年多的时间，小梦都老实本分地做着行政文员。终于有一天，原来的外事专员休产假了，老板却突然接到美国方面的通知，说美国公司即将派出一个考察团，来进行正式签约前的最后考察。对此，老板简直抓瞎了，赶紧打电话给小梦，让小梦连夜联系翻译公司，寻找了解他们工作的商务翻译。然而，当时已经是深夜，小梦根本联系不到合适的翻译，思来想去，小梦决定自己上。在这一年多的时间里，她也的确学习了很多和业务知识相关的英文知识，因而，她在第二天的表现非常好，简直让老板惊喜不已。

这次外事活动之后，老板当即决定成立公关部，由小梦担任公关部经理。对于老板的赏识和垂爱，小梦心怀感激，她也很庆幸自己这么长时间以来都在默默准备，从未放弃。

毫无疑问，小梦亮出底牌的机会非常好，那时的她简直成了老板的"救命恩人"，因此才会得到老板的特殊赏识，不但职位得以晋升，而且薪资待遇也大幅提升，可谓一举数得。

人在职场，身不由己。很多时候，你们也许会抱怨自己没有得到老板的公正对待，那么不如想一想，自己有何过人之处值得老板高看一眼呢？现代社会中大多数企业都是私人企业，效率才是它们生存和发展的关键。因而绝大部分老板为了降低成本，通常会选择那些最高效的人才，这样一来，他们的企业才能更好地生存和发展。作为企业的一员，我们也必须最大限度发挥自身的能力，才能如愿以偿地在老板心目中占据重要的位置，也能得到自己梦想的待遇。

你是谁不重要，重要的是你拥有什么

曾经有一段时间，"我的爸爸是李刚"这句话成为网络流行语，充满了嘲讽的意味，也带着黑色幽默的色彩。的确，有些人出生的起点，就比其他人奋斗一生的终点还要更高，他们是含着金汤匙出生的，衣食无忧，父母有权、有势、有钱，根本不需要为大多数人烦心的一切发愁。还有些人竭尽全力只为了得到一个相对平等的机会，他们却根本不放在心上。然而，每一个人生的强者都知道，我们不能因为他人的起点比自己的终点更高，就放弃努力。毕竟，人生的很多机会都是需要我们自己去争取的，假如我们还没努力就放弃了，我们注定将会毫无所得，庸碌一生。

有些人看着富二代、官二代的优越生活，就心绪失衡，怨声载道。殊不知，每个人都有属于自己的苦恼，也许富二代生来不用奋斗，但是他们却有其他的烦恼，如家庭不和睦、缺乏父母的关爱等。所以每个人都应该学会平衡自己的内心，命运总是公平的，人生中这一处的匮乏，也许就要靠那一处的富足弥补。此外，人生的感受并非完全取决于金钱、权势。很多人都追求幸福，实际上幸福完全是人内心的感受，没有标准的定义。虽然人不应该贪婪，但是要想在人生之中更加充实且有意义，我们就要让自己更加精神抖擞地面对人生，而且绝不因为任何原因而放弃人生和努力。

理智的朋友们，不要再因为人生的贫瘠而抱怨，命运只会青睐勤奋努力的人，而不会偏爱那些怨声载道的人。抱怨除了能够暂时帮助我们发泄不满外，对于事情的解决根本于事无补，反而会使事情变得更糟糕，甚至导致事与愿违。我们要在人生中保持理智，更要坚守做人的原则，不管什么时候都不忘初心。

在社会生活中，每个人都有自己的角色和定位。例如，有些人天生默默无闻，注定要平凡度过一生，有的人却天生就奉行"生命不息，折腾不止"的原则，绝不轻易放过自己，也不愿人生有片刻安宁。大多数情况下，爱折腾的人往往能够做出一番事业，而喜欢岁月静好的人，在人生之中也能如愿以偿得到幸福。任何时候，我们都不要拿自己的标准去衡量别人的选择，也不要以别人的眼光来禁锢自己的人生。记住，人生只属于我们自己，所谓的成功就是一定要活出真实自然的自己，然后再实现自身的价值。

很多年轻人刚刚走出大学校园就好高骛远，恨不得马上拥有高薪而又体面的工作，却不愿意付出太多的劳累。每一朵花的绽放都要经过长久的努力，每一次人生的腾飞都需要付出艰辛。人具有社会属性，是社会的一员，每个人理所当然想要得到社会的认可和他人的尊重，那么从现在开始就停止抱怨吧。如果你愿意把所有抱怨的时间都用来努力，证明自己存在的意义，相信你一定能够更快地实现自身的目标，从容度过充实的人生。

大学毕业后，金湖几经周折，才找到现在的这份工作。他很珍惜得来不易的工作机会，对待工作兢兢业业，丝毫不敢懈怠和疏忽，但是总被同事们小看，有的时候因为工作上出现错误，还会被领导批评。金湖很郁闷，他不知道自己这么努力，又是职场上的新人，同事和领导为何不能多多教导他，而偏偏要嘲笑或者批评他呢？

有一天，金湖因为没有听清领导的要求，把表格整个都做错了。为此，领导大发雷霆，因为他下午开会就要用这个表格。这时，金湖辩解说领导交代任务的时候没有说清楚，导致领导更上火，甚至恨不得把金湖当场开除。幸好平日里和金湖相处比较好的一个老同事主动提出整理表格，纠正错误，此事才算告一段落。在和老同事一起纠错的过程中，金湖非常郁闷，不停地唉声叹气。老同事问："金湖，是不是觉得心里很憋屈？"金湖点点头。老同事又说："其实，你不应该说是因为领导交代任务不清楚导致的，假如你能主动承担责任，积极认错，也许领导不会那么生气。""但是……"金湖欲言又止，"的确是领导没有交代清楚。"老同事说："我当然知道领导肯定没有交代清楚，但是领导毕竟是领导，你现在才进公司，还没有给公司创造什么效益或者做出贡献，他当然不会买你的账啦。你知道销售部的林丹吗？"金湖点点头，老同事接着说："这么告诉你吧，林丹在公司可是个大红人，她销售能力很强，每年都能给公司拉来很多订单，所以哪怕林丹顶撞领导几句，领导也不敢对林丹怎么样。假如有朝一日你像林丹那么厉害，那你尽管把责任推到领导身上，完全没问题。"老同事的话使金湖陷入沉思：的确，自己只是个初入公司、错误频出的应届大学毕业生，唯一的优势也许就是虚心好学和勤奋努力了，既然如此，还有什么必要狡辩呢？有了错误，就赶紧承认，等有了资本，才能在公司有立足之地。

后来，金湖再也不犯愣头青的错误了，总是积极主动地承担工作、承担责任。随着工作经验越来越丰富，他在工作上的表现越来越好。领导果然对他的态度一百八十度大转弯，不但更加器重他，还给他升职加薪。金湖在职场上渐入佳境，感觉越来越好了。

在这个事例中，金湖从被同事嘲笑、被领导轻视和批评，到摆正自己的位置，意识到自己作为"一穷二白"的职场人士，只有脚踏实地地努力，积累经验，才能在职场上有资历，也才能被领导看重，得到同事的认可。一旦态度端正了，他的工作效率倍增，也因为心里不再抵触领导，所以他完全能做到心平气和地工作了。

虽然我们每天都在教育人们不要过于势利，更不要急功近利，但事实却告诉我们，我们所拥有的，恰恰决定了我们的地位。诸如在学校里，老师总是偏爱乖巧聪明、学习成绩好的学生；在家里，父母也偏爱讨人喜欢、听话懂事的孩子；毫无疑问，职场上，领导一定喜欢工作上有突出表现、非常杰出的员工。从现在开始更加积极努力吧，对任何人而言，唯有不可取代，有着独到之处，才能得到他人特别的重视和优待。英雄不问出处，任何时候都不要因为自己的出身而妄自菲薄。记住，你是谁不重要，重要的是你拥有什么。你的拥有，决定了你的价值，也决定了你将拥有怎样的人生。

最大限度发挥自己的长处

曾经有一段时间，核心竞争力成为人们谈论的热点话题，尤其在职场上，人们总是把核心竞争力挂在嘴边，似乎不说核心竞争力的人就落伍了。的确，从职场竞争力的角度而言，核心竞争力是重要的、不容忽视的因素。一个职场人士如果没有核心竞争力，就无法把自己区别于其他的同事，更无法从人才济济的公司里脱颖而出。而所谓的核心竞争力，就是一个人区别于其他人的特殊能力，这种能力就像标签，让当事者和他人不同，变得更加鲜明。

心理学上有一个著名的理论，叫木桶理论。所谓木桶理论，就是告诉人们一个木桶最终能容纳多少水，并不是取决于木桶的长板，而是取决于短板。的确，哪怕我们再怎么努力，也不可能把水装到长板的位置，因为木桶的短板就像是一个倾泻的通道，很快就会把水流光。因为对木桶理论的迷信，在职场上，很多人都开始弥补自己的短板，把自己视为一个木桶，觉得自己如果短板太短，就会限制整个人生的发展。实际上，人不是木桶，这种观点也并不正确。

　　不可否认，很多时候弱点和不足会限制人的发展，但是并非所有的短板都会影响人的成就。例如，莫言并不擅长化学，但是依然能获得诺贝尔文学奖；屠呦呦也写不出文学小说，但是依然能获得诺贝尔化学奖。虽然孩子在学习阶段最好不要偏科，那是为了给孩子的成长奠定基础。一旦长大成人，术业有专攻的人，往往比面面俱到的人有更大的成就。这就是核心竞争力。从木桶理论的角度来讲，核心竞争力是人的长板。人生短暂，光阴易逝，我们不应一味地把宝贵的时间用来弥补不足，如果那个不足不是致命的，也不影响我们的发展，我们为何还要对它耿耿于怀呢！不如集中精力发展自己的长处，从而让自己出类拔萃，获得众人瞩目的成就。这也许才是理智的发展，可以做到有的放矢。

　　现代职场很多人都开始意识到核心竞争力的重要作用，但是他们却不能成功发展自己的核心竞争力，一是因为他们无法客观认识自己；二是因为他们日常生活的状态过于轻松惬意，导致懈怠成性。所谓由俭入奢易，由奢入俭难。同样的道理，从紧张的生活中抽身，享受安逸，这很容易，但是从安逸的生活中却很难一下子进入紧张的状态。所以培养核心竞争力是一个漫长的过程，也需要我们努力坚持下去。当然，前提是我们要客观认知和评价自己，才能把一切做到更好。

常言道，逆水行舟，不进则退。每一个人在人生之中，都不可能一帆风顺，更鲜有天赋异禀。心理学家经过研究发现，大多数人在先天条件方面都相差无几，但是人与人之间后天的发展之所以相差迥异，就是因为他们的核心竞争力不同。尤其是现代职场人才济济，新人辈出。我们要想出类拔萃，就必须表现突出，贡献杰出，这样才能如愿以偿地走到老板和上司的视野中，赢得他们的认可和赏识。

从师范学校毕业后，占明回到家乡，进入一所中学工作。因为县里的规定是所有的师范毕业生都要下到农村，所以占明尽管家在县城，但还是被分配到距离县城几十里路的农村。爸爸妈妈很着急，恨不得马上托人找关系把占明调回来，但是占明却胸有成竹，他还告诉爸爸妈妈他有核心竞争力呢！原来，占明非常擅长计算机，而且文笔特别好。果不其然，才毕业一年多，他的论文就在市里获得二等奖，而且在公开课上，占明制作的精美课件也使他走入很多领导的视野。渐渐地，占明在教育系统的名气越来越大。没过几年，县城里的一位小学校长就特意邀请占明调到他们学校，并且要让占明当他的助理。此外,教育局的一个领导也对占明"情有独钟"。这位领导经常四处开会,却因为秘书不给力,导致他的发言稿总是无法出彩。有一次,这位领导请占明为他写了一份发言稿,果然赢得了满堂彩。从此以后领导就一心一意想让占明当他的秘书。就这样,原本让爸爸妈妈非常头疼的调动问题,在占明强有力的核心竞争力下,轻而易举就解决了。

在这个事例中,占明的核心竞争力就是他擅长计算机,能把课件制作得精美生动,而且他很擅长写作,是个不折不扣的"笔杆子"。众所周知,大多数领导都希望自己身边有个能文能武的人,对于占明这样既能教学,又能兼职担任秘书的才子,他们当然会趋之若鹜了。所以在别人那里非常头疼的调动问题,在占明这里轻而易举就解决了。

和小县城的学校工作相比,在大城市,职场竞争更加激烈。要想在现代职场中立足,最重要的就是发展核心竞争力,从而让自己得到他人的另眼相看和衷心佩服。需要注意的是,很多人对于核心竞争力的理解都有失偏颇。一说起核心竞争力,他们就说自己正直善良、勤奋踏实。实际上,这不是核心竞争力,而是做人做事的基本要求。所谓的核心竞争力,就是我们与他人竞争的优势,就是我们区别于他人的与众不同之处。所谓的核心竞争力,要求我们在具备基本品格和素质的基础上,还要表现出自己无可替代的优势。唯有具备真正的核心竞争力，我们在职场上才能如鱼得水，游刃有余。

现代职场，很多人如同任劳任怨的老黄牛一样，数十年如一日地努力付出，非但没有得到领导的认可和赏识，反而被领导忽略，被当成空气，这到底是为什么呢？不是说没有功劳，也有苦劳吗？难道领导没有看到他们的所作所为吗？当然不是。领导把一切都看在眼里，但是故意视若无睹，就是因为现代职场不但需要埋头苦干，也需要主动创新的精神。所以作为一名现代职场人，要同时具备硬实力和软实力，从而全方位提升自己，让自己在人生的道路上不断攀升，最终获得成功。

千金在手，不如薄技在身

在现代社会，每年毕业季，都有很多大学生走出校园，走入社会，但随着大学生数量不断增多，大学文凭的含金量越来越低，大学生的头衔也不再稀缺，供过于求的局面使得大学生不再炙手可热。找工作难使很多家庭都感到非常迷惘，尤其是本身没有文化的父母，在看到孩子大学毕业却找不到工作，或者找到了工作收入还不如农民工多时，他们理所当然地想：上大学没有用，还不如直接辍学挣钱呢！因此，很多农村家庭的孩子初中没读完就辍学，小小年纪就去工厂里打工，不到二十岁就结婚生子，自身生理和心理上的不成熟使他们的下一代依然成为"悲剧"。

大学无用论，在偏僻的地方已经成为老生常谈。虽然这种观点是完全错误的，暴露出很多知识贫瘠的家庭对于学习的局限认识，但是在现代社会，真的未必只有读大学一条路可走。和几十年前孩子们要想出人头地，尤其是农村孩子必须读大学才能鲤鱼跳龙门不同，现代社会，大学再也不是唯一的教育方式，很多人哪怕走上工作岗位，只要自身有学习的欲望，也可以通过函授、自学或者继续教育等诸多方式，继续完成学业。此外，除了获得高文凭外，我们还要端正对知识的态度，毕竟一纸文凭并不代表高能力，现代社会的很多行业并不迷信文凭，而是要求人才必须有真才实学，必须有特殊的技能。因而我们再也不要盲目地追求大学文凭。对很多高考落榜的孩子而言，哪怕无缘进入大学校园接受系统的学习，也可以根据自身的情况选择学习和掌握一种技能，这样在未来走入职场的时候，才能有所长。把小小的技能做到极致，也同样能够出人头地。

在任何领域，有一技之长的人都是值得钦佩和敬畏的。细心的朋友们会发现，很多天才其实只是在某个特定的领域有突出的表现，在其他领域中，他们反而能力不足。例如，举世闻名的画家梵高，他的一生就非常坎坷，但是他的画作却流传千古，让无数人沉迷。再如，诗人李白，他最擅长写诗，在官场上却一事无成，终生不得志。这些人都是天赋异禀，当然，在那个时代他们也没有那么多的机会发展自己其他方面的能力。我们应该庆幸自己生在这个年代，哪怕考不上大学，挤不过高考的独木桥，也有各种各样的培训学校，可以用短则几个月长则几年的时间，着重培养我们某个方面的能力，让我们术业有专攻，绝不虚度人生。

前文我们说过，现代职场上，每个人都要有核心竞争力，才能立足。当然，这个核心竞争力可以是我们天生就擅长的事情，也可以是我们经过后天培养具备的独特能力。如今健全的教育制度，让每一个有心学习和培养自己的人，都能如愿以偿找到最佳的学习方式和途径。所以所谓的特长，也变成可以后天培养的能力。尤其是现代职场，分工越来越细致，合作越来越密切，我们只需要如同螺丝钉一样做好自己分内的工作，就能成为不可替代的角色。此外，有效的技能还如同纽带一样，帮助我们认识更多和我们同类的朋友，引领我们融入相关的圈子。在与他人相互切磋和学习的过程中，我们能够与他人相互促进，共同提升。如此，我们的职业发展也进入良性状态，人生必然更加充实和美好。

常言道，千金在手，不如薄技在身。这是因为哪怕有再多的钱，如果坐吃山空，也必然导致后续乏力。但是如果有一技之长，不管走到哪里，都还可以生活。人们常说"荒年饿不死手艺人",这也告诉我们即使世事艰难,很多手艺也依然是人们生活的必须,手艺人也是有市场的。孔圣人告诉我们,"吾尝终日不食,终夜不寝,以思,无益,不如学也",所谓活到老学到老,其实是很有道理的。如果你们现在还没有一技之长,不如赶快学习吧,虽然已经浪费了很多宝贵的时间,但是只要马上开始,总还是为时未晚的。记住:任何一件简单的事情,一旦做到极致,就是巨大的成功。

做人,应保持自己的本色

现实粉碎着我们的理想,我们会逐渐发现,自己不是那样完美,也不可能变成理想的自己,我们总是有着这样或那样的缺点。接纳自己需要勇气,也需要毅力。接纳自己,是一个漫长而痛苦的过程,也是一个人长大、成熟的过程。

直面自己的缺点需要勇气,更需要坦诚,需要包容。认识自己的优点和缺点,明白自己想做的不一定就能做,明白自己能做的不一定全能做好,我们便会自信、自强,生活便多一些快乐,少一些烦恼。相反,斤斤计较自己的缺点,不原谅自己的失误,则会使我们沮丧、自卑。接受真实的自己,客观地对待自己,我们就能善待自己、善待他人。

其实，生命的价值不依赖我们的所作所为，也不仰仗我们结交的人物，而是取决于我们本身，我们是独特的，永远不要忘记这一点。生命没有高低贵贱之分。一只蜜蜂和一只雄鹰相比虽然不起眼，但它可以传播花粉从而使大自然色彩斑斓。任何时候都不要看轻自己。在关键时刻，你敢说"我很重要"吗？试着说出来，也许你的人生会由此揭开新的一页！

在一次讨论会上，一位著名的演说家没讲一句开场白，手里却高举着一张20美元的钞票，面对会议室里的200个人，他问："谁要这20美元？"一只只手举了起来。他接着说："我打算把这20美元送给你们中的一位，但在这之前，请准许我做一件事。"他说着将钞票揉成一团，然后问："谁还要？"仍有人举起手来。

他又说："那么，假如我这样做又会怎么样呢？"他把钞票扔到地上，又踏上一只脚，并且用脚碾它。然后他拾起钞票，钞票已变得又脏又皱。"现在谁还要？"还是有人举起手来。

"朋友们，你们已经上了一堂很有意义的课。无论我如何对待那张钞票，你们还是想要它，因为它并没贬值，它依旧值20美元。人生路上，我们会无数次被自己的决定或碰到的逆境击倒、欺凌甚至碾得粉身碎骨。我们觉得自己似乎一文不值。但无论发生什么，或将要发生什么，在上帝的眼中，你们永远不会丧失价值。在他看来，肮脏或洁净，衣着齐整或不齐整，你们依然是无价之宝。"

人活着必须面对自己的缺点，容忍自己的缺点。我们必须认识到，没有任何人，包括我们自己，是百分之百优秀的。要求别人完美是不公平的，要求自己完美更是荒唐。所以，千万别这么苛待自己。有时候，我们要试着练习自我放松，要学习喜欢自己。忘记过去的错，爱自己，你认为你是巨人的时候，你才会成为真正的巨人。

做人就应该保持本色、保持真实。真实是难得之美。当我们与自己内心和谐一致的时候，我们就会觉得自己是真实的。真实就像循环的能量一样帮助我们充满活力。保持做人的本色，就是不要丢掉自己真实的一面，用你真实的一面去体察，你就能够透过肤浅的表象，看到一个人的实质。

一个人最为看重的幸福和成功只能从自己生命的本色里去获得。富翁看重金子，而本分的庄稼人却看重脚下那片拴紧他们灵魂的土地，因为他们深信"泥土里面有黄金"。失去本色的人生是灰色的、无光泽的人生。做人，就应该保持自己的本色。

蜚声世界影坛的意大利著名电影明星索菲亚·罗兰的成名经历十分传奇。她在16岁的时候，怀着成为电影明星的梦想，只身来到了罗马，没想到，所有的摄影师见了她，都连连摇头，说她达不到美人的标准，她的鼻子和臀部不完美。

导演卡洛·庞蒂把罗兰叫到办公室，建议她把臀部削减一点儿，把鼻子缩短一点儿。言外之意，导演还是想用她做演员。一般情况下，许多演员都对导演言听计从。何况，导演并没有拒绝她，更何况，罗兰正做着明星梦呢！可是，罗兰年纪虽小，却非常自信，她毫不迟疑地拒绝了导演的要求。她说："我要保持我的本色，我不愿意做任何改变。"正是罗兰的坚持，使导演卡洛·庞蒂重新审视她，并真正认识了索菲亚·罗兰，开始了解她、欣赏她。

罗兰没有对摄影师们和导演的话言听计从，没有为迎合别人而放弃自信，这使她得以充分展示自己与众不同的美。而且，她独特的外貌和热情、开朗、奔放的气质，得到了人们的喜爱。后来，她主演的《两妇人》获得巨大成功，并因此被评为奥斯卡最佳女演员。

当索菲亚·罗兰获得成功之后，她在自传中写道："自我开始从影起，我就按照自己的想法行事，我谁也不模仿，也从不去奴隶似的跟着时尚走。我有自己的想法，也有自己的判断，我只要求我就像我自己。"

一个人在自己的生活经历中，在自己所处的社会境遇中，能否真正认识自我、肯定自我，如何塑造自我形象，如何把握自我发展，将在很大程度上影响或决定着一个人的前程与命运。换句话说，你可能渺小而平庸，也可能美好而杰出，这在很大程度上取决于你的自我意识究竟如何，取决于你是否能够拥有真正的自信。

成功掌握在自己的手中，一个人对自我的态度，既能作为武器，摧毁自己，也能作为利器，开创一片无限快乐与平和的新天地。要知道，你在这个世界上是唯一这样的人，应该为这一点而庆幸，应该尽量利用大自然所赋予你的一切。你只能唱你自己的歌，你只能画你自己的画，你只能做一个由你的经验、你的环境和你的家庭所造就的你。不论好与坏，你都得自己创造一个自己的花园；不论是好是坏，你都得在生命的交响乐中，演奏你自己的小乐器。

花开才是本质，你是一朵莲花，还是一朵玫瑰，还是什么无名的、普通的花都没有什么关系，你是谁并不是关键，你让自己像花一样，尽情绽放，展现最美的自己才是最重要的。

探索自我，发掘潜力

如果你不能发现自己的优势和价值，而总是看到自己的短处和不足，那么即使你拥有一辆马力强劲的汽车，你也不懂得怎样用钥匙拨动它。有人曾说过："1分钱和20块钱如果同时被扔进大海中，它们的价值就毫无区别。"只有当你将它们捞起来，并按照正确的方式使用时，它们才会各自显现价值。

从前，美国有个相貌极丑的人，走在街上行人都要对他多看一眼。他从不修饰，到死都不在乎衣着。窄窄的黑裤子，伞套似的上衣，加上高顶窄边的大礼帽，仿佛要故意衬托出他那瘦长条似的个子。他走路姿势难看，双手晃来晃去。

他是出身小地方的人，直到临终，甚至已经身居高职，举止仍是山间野夫的样子，仍然不穿外衣就去开门，不戴手套就去歌剧院，讲不得体的笑话，往往在公众场合忽然忧郁起来，不言不语。无论在什么地方——法院、讲坛、国会、农庄，甚至他自己家里，他处处都显得难以相容。

他不但出身贫贱，而且身世蒙羞，是个私生子，他一生都对这个缺点非常敏感。

没人出身比他更低，但却没人比他升得更高。他就是后来的美国总统——林肯。

一个人有这么多的弱点而不去补偿，他怎么能取得非凡的成就呢？

对于林肯来说，他并不是用每一个长处抵每一个短处来求补偿，而是凭借伟大的睿智与情操，凌驾于一切短处之上，置身于更高的境界。他只在一个方面，就是教育方面，直接补偿了自己的不足。他拼命自修来克服早期的障碍。他在烛光、灯光和火光前读书，读得眼球在眼眶里越陷越深。他填写国会议员履历，在"教育"这个项目下填的是"有缺点"。

第九章
重塑自我，不断挖掘自我价值

每个人生来都不是完美的，都会有不足之处，同时，每个人又都是一座宝藏，所不同的是，有些人在年轻力壮时就开始挖掘自己，以至于让自己快速地蜕变，显现出耀眼的光芒。而有些人从一开始就浑浑噩噩地过日子，他们虽然也有着自己的梦想，但他们的脚步从来都没有离开过温暖的床榻。待到年老时，看到那些出外闯荡的人都衣锦还乡，人们再想挖掘自己、闯荡世界，已经有心而无力了。

《圣经》中有个关于才能的故事，大意是说上帝曾经分别给了三个人几种才能，不过第一个人只有一种，第二个人有三种，第三个人有五种。一段时间之后，上帝突然问起他们在此期间都做了些什么事情。第三个人回答说："我利用五种才能努力工作，结果却因此具备了十种才能。"上帝听完之后，很高兴地夸奖他："你做得很好！由于你善于利用才能，因此我将赋予你更多的才能。"第二个人也同样增加了自己的才能，但是第一个人却抱怨说："主啊！你给了别人很多才能，却只给我一种，真是不公平啊！我知道你是既严厉又残忍的主，所以我把你给我的才能给埋葬了。"上帝闻言后，很生气地说："你真是又懒又坏！"随后便取走了他的才能，转而恩赐给其他两个人。

认识自己，从自身的某一点进行突破，命运的闸门才会最终被你捅破，生命之水才能在梦想的河渠里尽情流淌。回顾历史，那些认识自己、拓展自己的伟人的生平就是一部奋斗史，读达尔文、济慈、康德、拜伦、培根、亚士多德的传记，就不会不明白，他们的品行和一生，都是因为弥补个人缺陷造就的：像亚历山大、拿破仑、纳尔逊，是因为生来身材矮小，所以立志要在军事上获得辉煌成就；像苏格拉底、伏尔泰，是因为自惭奇丑，所以在思想上痛下功夫而大放光芒。他们早早地意识到自己的不足，更早早地开始发展自身的优势，从而快人一步，成就了自己卓越的人生。

其实，每个人身上都存在未被开发过的领域，若你消极地认为自己"天生就是如此"，那说明你对自己缺乏正确的认识，就像小河觉得自己只是流动的液体，却没发现自己也可以是飘浮在空中的水汽。挖掘自己的潜力，你就能够有所突破，而这种改变的勇气，也是成功者必须具备的特质之一。

第十章

借力打力，凭借东风好扬帆

与优秀者为伍,你才会出类拔萃

犹太经典《塔木德》中有这样一句话:"和狼生活在一起,你只能学会嗥叫;和那些优秀的人接触,你就会受到良好的影响。"同样,如果我们多结交有特殊专长和才能的人,那么,我们也会受其影响,"集众家专长于一身",变成优秀的人。

犹太人认为五个朋友决定你的一生,与什么样的人交往就注定了你会是怎样一个人。的确,每个人交朋友的标准都不一样,有些人喜欢结识能力、经验都不如自己的人,因为这样,他们能获得一种快感,一种满足。但聪明的人绝不会这么做,他们会努力结交一些比自己优秀、聪明、有能力的人,这样,不仅有利于提升自己的能力,更能在日后得到他们的帮助。因为他们懂得"和什么人交往,就会变成什么样的人"的道理。

或许你会认为,带着目的交际、结交那些有专长和特殊才能的人是一件有心机的事,你是不是也常和一些对自己完全没有帮助的朋友见面,每次连自己都感到是在浪费时间和金钱,却把它当作是讲义气呢?朋友应该具备值得自己学习的地方。这样才能彼此进步,建立良好的长久关系。人们固然愿意结交与自己类似的人，同时，在和这样的人交往时，也会慢慢成为像那样的人。因此，结交什么样的朋友，就足以说明自己也是什么样的人，同时，结交不一样的人，也会有改变的机会。

1980年，获得诺贝尔经济学奖的舒尔茨教授应复旦大学邀请进行学术访问，访问结束前到北大演讲。时值中国高考恢复不久，学校找不到英语专业又熟悉西方市场经济学的学生做翻译。林毅夫是个特例，他原是从金门泅游到大陆的台湾军官，在台湾已经获得过企业管理学硕士，再加上英语基础好，便担任了舒尔茨教授的翻译。在翻译过程中。林毅夫让舒尔茨教授深感惊讶和欣赏。舒尔茨教授回国后，主动写信给北大经济学系及林毅夫本人，邀请他到芝加哥大学经济学系攻读博士学位。1982年，林毅夫来到芝加哥大学，80岁高龄、已有10年没有带过博士生的舒尔茨教授破例将其招为关门弟子，正是芝加哥大学的留学经历为林毅夫日后的事业发展打下了坚实基础。

林毅夫十分幸运，因为结交了博学多识的舒尔茨教授，他的人生从此开始辉煌起来。

西方有句名言："与优秀者为伍。"日本有位教授手岛佑郎，研究犹太人的财商，得出的结论是："穷，也要站在富人堆里。"认识关键和重要的人物，当然不是要你非常势利。

但很明显，知己、好友、有益的朋友、重要的朋友，我们都需要。也不一定需要看得见帮助，许多成功者可以给我们带来新的观念、价值、经验。

我们再来看看保罗·艾伦和比尔·盖茨之间的友谊。

保罗·艾伦是微软的创始人，他多次在《福布斯》富豪榜上名居前列，2005年再次排行第7位。但保罗·艾伦似乎一直以来都被掩盖在比尔·盖茨的光环之下，人们只知道他和比尔·盖茨共同创立了微软，却忘记了正是他把比尔·盖茨引入到软件这个行业，而就是这样一个软件业精英，一个富于幻想的开拓者、一个为玩耍一掷千金的豪客、一个总是投资失败却成功积聚巨额财富的商界巨子，却在创造着一个传奇——他有取之不尽的财源、独树一帜的投资理念，也有与众不同的成功标准。

1968年，与盖茨在湖滨中学相遇时，比盖茨年长两岁的艾伦以其丰富的知识折服了盖茨，而盖茨的计算机天分，又使艾伦倾慕不已，就是这样，两人成了好朋友，随后一同迈进了计算机王国。艾伦是一个喜欢技术的人，所以，他专注于微软新技术和新理念，盖茨则以商业为主，销售员、技术负责人、律师、商务谈判员及总裁一人全揽，微软两位创始人就这样默契地配合，掀起了一场至今未息的软件革命。

有人说，没有保罗·艾伦，微软也许不会出现，但如果不是托盖茨的福，艾伦也许连为自己的"失误"买单的钱都不可能有，而这并不是偶然，比尔·盖茨曾这样说过"有时决定你一生命运的就在于结交了什么样的朋友"，换句话说，从某种角度而言，你与之交往的人或许就是你的未来，保罗·艾伦与比尔·盖茨就是这样互相决定了未来。

保罗·艾伦与比尔·盖茨的故事告诉我们一个道理：与最优秀的人在一起，优秀将成为一种习惯。机会不是天外来物，而是人创造的，能力突出者的人显然会带给你更好的机会，更重要的是与他们相处，可以提高自己的能力，不仅可以从他们的成功中学到经验，而且可以从他们的教训中得到启发，我们甚至可以根据他们的生活状况改进自己的生活状况，成为他们智慧的伴侣，这自然也会使你变得更优秀。

1.不局限于你经常接触的圈子

除非你本身已经是个很高端的人物。譬如学生就可以争取以志愿者的身份参与各种重要活动、成功人士讲座、校外会展等；毕业生争取进入一流大公司，通过职业交际结识更多的杰出人士。

2.有目标地结识，为自己找个好老师

知识文化层次高、有特殊才能或者成功人士很多，但我们不可能人人都结识，因此，我们要学会有目标地结识，比如，那些同专业里的专家、权威人士，与他们结识，我们不仅能学到最精尖的专业知识，还可能得到他们的帮助、提携、提拔，让我们飞黄腾达！

正所谓"画眉麻雀不同嗓，金鸡乌鸦不同窝"。这也许就是潜移默化的力量和耳濡目染的作用。如果你想成为一个睿智的人，你就要和睿智的人在一起；如果你想成为一个优秀的人，那你就要和优秀的人在一起，你才会出类拔萃。读好书，交高人，乃人生两大幸事。

采纳他人意见，完善自己决策

我们都听过这样一个俗语："三个臭皮匠赛过诸葛亮。"善于集众人的智慧，是职场管理者高效工作的一种手段。所以，明智的职场管理者从来不独断专行，遇到工作中的问题，他会采纳各方面、各个员工的意见，以此来完善自己的决策。

的确，在日常工作中，任何一个领导都会进行意见交流的工作，但也许正因为它的经常性，它容易被人们所忽略。而这样的结果却是未能真正做到"意见交流"，花了那么多时间和精力，单单缺少了彼此间平行的意见交流。有的是管理者意志贯穿全会，容不得与会者的探讨与发言；也有的是形式主义和走过场，缺乏真正的民主与意见的互通。

我们先来看摩托罗拉公司怎么实现领导与员工的意见互通的。

1998年4月，摩托罗拉（中国）电子有限公司推出了"沟通宣传周"活动，内容之一就是向员工介绍公司的12种沟通方式。例如，员工可以用书面形式提出对公司各方面的改善建议，全面参与公司管理；可以对真实的问题进行评论、建议或投诉；定期召开座谈会，当场答复员工提出的问题，并在7日内对有关问题的处理结果予以反馈；在《大家》《移动之声》等杂志上及时地报道公司的大事动态和员工生活的丰富内容。另外，公司每年都召开高级管理人员与员工沟通对话会，向广大员工代表介绍公司经营状况、重大政策等，并由总裁、人力资源总监等回答员工代表的各种问题。

古语云："上下同心，其利断金"。正是通过这样一系列的举措，摩托罗拉让员工感到了企业对自己的尊重和信任，从而产生了极大的责任感、认同感和归属感，促使员工以强烈的责任心和奉献精神为企业工作。

从这个故事中，任何一个企业管理者都应该有所感悟：一个企业发展得如何、领导者工作开展得如何，很大程度上取决于能不能得到员工和下属的支持。如果企业能尊重员工，能给员工发表意见的机会，采纳员工的意见，那么，工作效率和工作业绩都会大幅提升。

那么，企业管理者该怎样做到上下齐心呢？

1.给员工一个清晰的目的或使命

这个目的或使命通常包含在企业的使命书中，它反映了企业的远大目标。正是凭着这个目标，团队才有了一种方向感。相对于整个团队来说，小组也有明确的目标，而且小组每个成员的作用也很清晰明确。而设置这一目标，必须遵循以下三个原则。

第一，目标需要量化、具体化。

第二，给目标设定一个清晰的时间限制，与此同时，还必须对完成任务的时间进行一个合理的规定。

第三，目标的难度必须是中等的。

除了上述三个方面以外，对目标进展情况进行定期检查，运用过程目标、表现目标及成绩目标的组合，利用短期的目标实现长期的目标，设立团队与个人的表现目标等都有利于团队凝聚力的培育。

2.管理者本人必须充满活力

只有始终充满活力、对管理工作保持高度的热情，才能感染企业成员，并利用好各个成员的力量，从而高质量地解决管理工作中遇到的各种问题。

3.鼓励团队成员开放和真诚地沟通

管理者要鼓励团队成员通过合作发现并处理分歧、参与决策、做出重大决策、向前推动工作等。

4.让员工了解你

联想的企业文化手册中明确写道：放开自我，让别人了解你的需求，让别人了解你的困难，让别人知道你需要帮助。主动了解他人的需求，让他人感到能得到理解和帮助。做到五多三少：多考虑别人的感受，少一点儿不分场合地训人；多把别人往好处想，少盯住别人的缺点不放；多给别人一些赞扬，少在别人背后说风凉话；多问问别人有什么困难，多一些灿烂的微笑。

联想正是通过拓宽沟通渠道，才让员工感受到了企业内的和谐温馨，进而做到上下同心。

5.建立一个制度化日常化的沟通规则

把意见沟通列入正常化的工作章程中，如每个月至少几次或者每周一次开"意见交流会"。并且要求大家在这种"意见交流会"上，要人人平等，领导者不能有官架子，大家畅所欲言。对于那些在会上勇于发言的下属和员工，应当给予激励，而不是打击报复。这样的"意见交流会"与其他会议是有所区别的，会上可以回避精神、指示等，大家可以直奔主题，并对所有人提出的问题进行深入、平等的交流。

总之，一个管理者应该努力建立和员工平等的沟通渠道，只有这样，在遇到工作难题时，才能集众人的智慧，这样可以大幅提高团队的生产效率！

好的伙伴是事业成功的基石

洛克菲勒曾说过一句话："坚强有力的同伴是事业成功的基石。不论哪种行业，你的伙伴既可能把事业推向更高峰，也可能导致集团的分裂。"这句话的含义是，在追求成功的路上，为了达成目的，我们有时候要借助一些外在的强有力的力量，尽管我们并不喜欢这些人，但我们也要与之共事。其实，这就是日常生活中人们所说的"双赢"。所谓"双赢"，应用到商场，指的就是采取对双方都有利的交际措施，得到他们应该得到和最想得到的东西。举个很简单的例子，大家一起排队坐公交车，如果都争相上车，谁也不让谁，最终结果只能是所有人都堵在车门口；而如果所有人都遵守前后秩序，一个个排队上车，这样，不仅所有人都能坐上车，还为大家节省了时间。

职场中，同事或者工作伙伴的性格、爱好乃至价值观、人生观、处理问题的方式都会存在差异，每个人只有学会求同存异和让步，才能求得一个大家都能满意的结果。

在写给儿子的信中，洛克菲勒提到自己刚开始创业时的一件事：

那时正值他创业之初，因为资金问题，他的合伙人克拉克想到了一个解决问题的办法——拉当地的一个富人，也就是克拉克曾经的同事入伙，这位合伙人叫加德纳。有了加德纳的入伙，资金问题解决了，然而，让洛克菲勒感到吃惊的是，这位加德纳先生在为自己带来资金的同时，也为自己带来了屈辱。他注入资金的条件就是将公司改名为克拉克-加德纳公司，他的理由就是加德纳的名字更响亮，更能吸引客户。

洛克菲勒感到很受伤，但他忍住了，他故作镇定地对克拉克说："这没什么。"事实上，洛克菲勒的心里如海水般翻腾，因为他的人格被践踏了，但他知道这样做能给自己带来好处，最终，他愿意忍气吞声。

当然，最后他们拆伙了。克拉克-洛克菲勒公司永远成为历史，取代它的是洛克菲勒-安德鲁斯公司。

然而，关于这位新的合伙人安德鲁斯，洛克菲勒也能看透他的本质，他就是个贪得无厌、目光短浅的人，最后他们也分道扬镳了，他们的分开是因为一次分红。

这一年，他们一起赚了很多钱，洛克菲勒希望能从中抽取一部分来经营新的生意，然而，安德鲁斯却希望把自己的钱全部拿回家，洛克菲勒也就尊重他的选择。安德鲁斯以为自己交了好运，因为他确实挣到了一大笔钱。然而，当洛克菲勒用自己的分红一转手又挣到一笔钱后，他竟然骂洛克菲勒卑鄙，洛克菲勒并没有说什么。

从洛克菲勒的这段经历中，我们或许能明白一个道理——商场打拼，没有永远的朋友，也没有永远的敌人，只有永远的利益。然而，我们却发现职场中的一些年轻人，他们在与他人打交道时，会因为一些观念的差异或者小利益的争端而始终不肯让步，最终闹得不可开交。事实上，胜利与失败并不是社交活动最好的结果，最好的结果是双赢，正如一句广告词一样："大家好才是真的好！"

的确，社会总是会有竞争，人与人之间也总是利益的不平衡，关键在于我们抱什么样的态度。抱着"我好，你好"的双赢态度去处理人际关系，你将会获得最理想的结果。要做到这一点，就需要你从大局考虑，放眼长远。因此，在利益问题上，也要做出让步，考虑让步的幅度和尺度是否有利于长远利益的实现。如果我们只顾眼前利益，就有可能失去更多宝贵的结交机会。

当然，我们在做出让步的时候，一定要考虑到这一步能否带来效用，值不值得，是否能够得到回报。因为只有实现了共赢，才有可能建立起长期的关系。

没有永远的敌人，也没有永远的朋友，要想获得成功，就要懂得控制自己的脾气，要学会运用双赢的思维，要学会放下成见、学会忍耐，这样，才能得到一个皆大欢喜的结局。

集众人之智，成众人之事

我们都知道，现代社会，任何人都不可能单打独斗取得成功，这是一个合作型社会。而合作并不是"人多力量大"，而是需要每个成员不遗余力地付出。无论你是团队的管理者还是其中一员，都要将个人力量发挥到最大，集结每个人的智慧。具有团队精神的集体，可以达到个人无法独立完成的成就。

"人心齐，泰山移。"可以说，曾国藩之所以带领湘军平定太平天国运动，造就晚清"中兴"的局面，就是集智助业的结果。在他的幕府中，各种类型的人才都不缺乏，无论是文官还是武将，都听命于曾国藩，如战功卓著的胡林翼、左宗棠、李鸿章等一大批湘军将领能团结在曾国藩的周围，而这与曾国藩"廉以服众"的修养是分不开的。

的确，团结就有力量，合作产生效益。更重要的是，优势互补、与人合作能提高做事效率，节省时间，壮大自身力量，在时间就是金钱和生命的现代社会，真正聪明的人都懂得与人合作的好处。

生活中，每到秋天，细心的你可能会看到这样一幅绮丽、壮观的画面：一群大雁结队往南飞，它们一会儿排成"人"字，一会排成"一"字，这阵容着实可与空军演习相媲美。于是，人们经常会感到疑惑：为什么大雁南飞会有如此阵容呢？学者们从社会学的角度对大雁展开了研究，研究结果发现，大雁群体具有很强的团队意识。

大雁的精神就是团队的精神：相同的目标，明确的分工，协调的合作，有序的竞争，恰当的组合，宽阔的胸怀，无私的奉献。人们常问："一滴水怎样才能不干涸？"答案是"把它放到大海里去"。一个人再完美，也就是一滴水，一个团队，一个优秀的、完美的团队才是大海。

团队的核心就是共同奉献。任何一项团队工作的成功，都需要每个成员的共同努力。这就好比一台机器，它的运行不能缺少任何一个零件。这种共同奉献需要每一个成员把这项工作当作切实可行而又具有挑战意义的目标。若团队如同一盘散沙，何谈齐心协力，何谈成为一个强有力的集体呢？

北京奥运会吉祥物向全世界征集作品从2004年8月5日开始。2004年12月15日，由24名在艺术、文化领域具有杰出成就的专家学者，对662件吉祥物有效参赛作品进行了艺术评选。17

日，由10名中外专家组成的推荐评选委员会，对进入推荐评选阶段的56件作品进行了审阅和评议。大熊猫、老虎、龙、孙悟空、拨浪鼓及阿福6件作品被定为吉祥物的修改方向。在集思广益的基础上，由推荐评选委员会推荐成立的修改创作小组组长、著名艺术家韩美林执笔，最终完成了吉祥物方案的设计。

"五一"期间，韩美林根据各方提出的修改意见，对"中国娃"方案进行了进一步的修改完善，提出了以北京传统风筝"京燕"造型代替"龙"造型的修改方案。在表现手法上，重新勾画了五个福娃的形象，突出了吉祥物生动活泼的性格特质，在整体形象的艺术表现方面有了重大的突破。至此，北京奥运会吉祥物形象定位基本完成。

北京2008年奥运会吉祥物的征选就是采用了集思广益的方法。即使是一个才华横溢的人，也会有思维的局限，也有不足点，只有善于借助别人的智慧，才能有效地弥补这一缺陷和不足。如果能取人之长、补己之短，而且能互惠互利，那么合作的双方都能从中受益。

和曾国藩一样，真正有智慧的人往往都能通过别人的智慧实现自己的愿望，虽然不可能每个人都能达到这一点，但每个人都可以与他人合作，携手做出更大的事业。

那么，我们该如何做到让其他成员不遗余力为团队效力呢？

1. 多赞美别人

在生活中，人人都喜欢给自己积极评价的人，也愿意同那些对自己的品性和才华及在工作中的表现给予好评的人合作。如果你经常赞美别人的德识才学、工作业绩，你就会得到许多合作者，别人会报以知遇之恩的。

2. 以帮忙者的角色出现

因为帮忙的角色不仅显示出了你对对方的真诚关心与慷慨相助，而且维护了对方的主导地位。对方会因此真诚地欢迎你来合作，因为你的真诚换取了对方的真诚。

3. 请求对方帮忙

先请求对方帮自己一次小忙，然后表示感谢，渐渐地，对方就会心甘情愿地帮你大忙。因为你这样做，不仅维护了他的自我形象，而且使他享受到了自己有益于人的美妙心理体验。

4. 激起对方的歉疚之情

在与人合作的过程中，要大度，不要斤斤计较得失。即使对方有对不起自己的言行，也要一切如常。以此激起对方的歉疚感，从而尽力地与你合作。

社会总是会有竞争，但是我们也该学会与人合作，抱着"我好，你好"的双赢态度去处理人际关系，你将会获得最理想的结果。

学会合作，才能有所成就

人生，就像是一场没有硝烟的战争，每个人都在这个特殊的战场上奔波忙碌，既想要胜出，又要保存实力，争取下一次的胜利。很多时候，人与人之间的关系是对立的，这是由人们的身份地位或者利益关系导致的。然而，大多数情况下，人们彼此之间根本无法针锋相对。因而这个世界既是战场，也是与每个人的命运都息息相关的地球村。地球其实很小，我们与他人之间经常是低头不见抬头见。尤其是现代社会，竞争越来越激烈，分工越来越严密，人们彼此之间的合作也变得更加密切。在这种情况下，个人英雄主义者是很难生存的，我们必须更加擅长与他人交流合作，才能让我们的人生变得更加顺遂。

很多人都喜欢看运动比赛，如篮球、足球等项目，这些比赛无一不需要依靠良好的合作关系才能进展顺利。从这个角度而言，人生也像是一场比赛，我们必须与他人相互照顾和呼应，才能更好地成就人生的美好，让自己的人生收获满满。现代社会，有很多人都意识到互惠互利、相互帮助的重要性。人们常说，一个好汉三个帮，一个篱笆三个桩。这句话告诉我们，再强大的人也离不开与他人合作。因而，在解决一切难题时，我们都必须与他人共同探讨，才能最大限度地获得胜算。

很久以前，有个老人独自抚养大了三个儿子。他的大儿子和二儿子都很有出息，在城市里工作，只有小儿子书没读好，留在他的身边，与他相依为命。为此，老人最看重小儿子，毕竟他的老年生活是否幸福，都寄托在小儿子身上呢！

一天，有个人找到老人，告诉他："老爷爷，我想带着您的小儿子去城里，您愿意吗？"老人当即坚决拒绝："不可能，我的小儿子绝对不会离开我。"这时，这个人沉思片刻说："假如您同意让您的小儿子跟着我去城里，我就介绍他认识洛克菲勒的女儿，这样您也就可以与洛克菲勒当亲家啦，您觉得如何呢？"洛克菲勒可是石油大王啊，老人想了想，怦然心动，因而答应了这个人的请求。

几天之后，这个人找到洛克菲勒，说："尊敬的先生，我想给您的女儿介绍一个男朋友。"洛克菲勒毫不迟疑地说："我女儿从来不缺男朋友，谢谢你的好意。"看到洛克菲勒冷漠的样子，这个人又说："我给您介绍的可是世界银行的副总裁，难道他配不上您的女儿吗？"洛克菲勒沉思片刻，同意了。又过了几天，这个人找到世界银行的总裁，说："尊敬的总裁先生，我觉得您必须任命一个年轻人当副总裁。"总裁先生丈二和尚摸不着头脑，说："赶紧给我滚，我已经有很多副总裁了！"这时，这个人气定神闲地说："难道您不想让洛克菲勒的女婿当您的副总裁吗？"结果当然毋庸置疑，总裁先生怎么会拒绝让洛克菲勒的女婿当自己的副总裁呢！就这样，这个人一手导演的剧情圆满落幕。

这虽然只是一个搞笑的故事，但是充分说明了那些大人物多么重视与实力相当的人合作。可以说，一个人就算能力再强，也不可能仅仅依靠自己的能力就赢得一切，获得成功。越是真正的强者，就越是重视与他人合作，这样才能不断壮大自己的力量。

现代社会，人与人的合作越来越密切，我们在生活和工作中，都应该与他人寻求合作，这样才能争取共赢。正如人们常说的，没有永远的敌人，只有永远的利益。山不转水转，当我们与曾经的敌人成为合作的伙伴时，我们一定要尽弃前嫌，最大限度地为自己的利益考虑。这样一来，我们的力量和资本才能成倍增长，增加我们成功的筹码。

没有永远的敌人，只有永远的利益

在这个世界上，只有利益才是永恒的，聪明的人不会因为仇恨某个人就放弃自己的利益。所以，英国前首相丘吉尔所说的，"没有永远的敌人，也没有永远的朋友，只有永远的利益"，才能成为很多人奉行的至理名言。

尤其是在现代社会的市场经济下，利益成为商业合作的基础。很多聪明的商人都采取合作的态度，与其他商人一起联合起来，集中所有力量开拓市场，因为只有令消费者满意，才能共同安然享受市场的蛋糕。否则，就算有人一枝独秀垄断了整个市场，如果消费者不满意，他们也是没有利益可言的。因而现代商场尤其讲究合作，更认为合作共赢才是现代企业生存之道，也是诸多企业间实现最大化发展的必经之路。

在《提前撰写的自传》中，苏联大名鼎鼎的作家叶夫图申科讲述了一个感人至深的故事：

1944年冬天，莫斯科在饱受战争的无情摧残后，德国的两万战俘按照纵队的队形，顺次穿过莫斯科大街。当时，满天飞雪，围观的人群把道路两旁围堵得密密麻麻。为了维持秩序，也避免群众因为情绪激动做出疯狂的举动，苏联的军队和警察，用一道道的警戒线隔开了战俘和围观人群。大多数围观者都是被战争夺去亲人的妇女，她们忍受着切肤之痛，看着这些战俘，她们的眼睛似乎能够喷出火来，拳头也愤怒地握着。

俘虏们垂头丧气地从街道上走过，突然之间，一位衣衫褴褛的老年妇女，请求警察允许她走到警戒线里面。警察看到老年妇女面色平和，因而答应了她的请求，虽然他并不知道她想做什么。没想到，老年妇女走到一位战俘面前，颤颤巍巍地从怀里掏出一块黑面包，递给战俘。那个战俘很年轻，不由得泪流满面，情不自禁地跪倒在老年妇女面前。其他的战俘也深感懊悔，全都随之跪在地上请罪。刹那间，充满着火药味的空气变得充满柔情，围观的人们不断地把身上仅有的物资塞给这些战俘。

在故事结尾，叶夫图申科感慨万千："这位心地善良的老年妇女，转眼之间就用宽容融化了大家心里的仇恨，也在战争结束后把爱与和平洒到了每一个人的心里。"的确，战争已经结束了，如果心中依然怀着愤恨，一切只会变得更加糟糕。幸好这位老年妇女选择了宽容战俘，也感染了战俘和其他围观的群众。这样一来，战争才算是真正结束。

战争不管是对于战胜方还是战败方来说，都给百姓带来了绝对的伤害。因而，每个老百姓都盼望着战争尽快结束，也希望和平能够随着战争的结束再次来到我们的身边。这是民心所向，所以那个睿智的老年妇女选择迎来真正的和平，拒绝仇恨和诅咒。当然，在现实生活中，我们很少面对如此强烈的爱憎，毕竟我们面对的都是日常生活中的小事。聪明的朋友很善于平衡自己的内心，也知道权衡事情的利弊。在共同的友谊面前，在梦寐以求的利益面前，相信大家都能牢记"多个朋友多条路，多个敌人多堵墙"的古训，从而放下仇恨，收获友谊和尊重，也收获幸福快乐的人生。

参考文献

[1] 清蓝.你有多努力,就有多自由[M].北京:现代出版社,2018.

[2] 鹏君.越努力,越幸运[M].北京:中国友谊出版公司,2021.

[3] 包泽青.你要特别努力,才能特别幸运[M].天津:天津人民出版社,2021.

[4] 沈十六.努力,是为了不辜负自己[M].青岛:青岛出版社,2016.

[5] 付于敏.只管努力,静待花开[M].北京:中国纺织出版社有限公司,2019.